电脑艺术设计系列教材

Photoshop CS4 中文版实用教程

第 4 版

张凡 等编著

设计软件教师协会 审

机械工业出版社

Photoshop CS4 中文版是 Adobe 公司推出的完全适合 Windows 9x/2000/XP 平台的图像处理软件。该软件具有界面友好、易学易用、图像处理功能强大等优点，深受广大用户的青睐。

本书属于实例教程类图书，全书共分 10 章，包括 Photoshop CS4 基础知识、图像选区的选取与编辑、Photoshop CS4 工具与绘图、图层的使用、通道与蒙版的使用、图像色彩和色调调整、路径和矢量图形的使用、滤镜的使用、Photoshop 自动化处理等内容。

本书内容丰富，结构清晰，实例典型，讲解详尽，富于启发性。既可作为大专院校相关专业或社会培训班的教材，也可作为平面设计爱好者的自学和参考用书。

图书在版编目（CIP）数据

Photoshop CS4 中文版实用教程/ 张凡等编著． —4 版.
—北京：机械工业出版社，2009.11
（电脑艺术设计系列教材）
ISBN 978-7-111-28853-4

Ⅰ．P… Ⅱ．张… Ⅲ．图形软件，Photoshop CS4—教材
Ⅳ．TP391.41

中国版本图书馆 CIP 数据核字（2009）第 194022 号

机械工业出版社（北京市百万庄大街 22 号 邮政编码 100037）
责任编辑：陈 皓
责任印制：洪汉军

三河市国英印务有限公司印刷

2010 年 1 月第 4 版·第 1 次印刷
184mm×260mm ·20 印张·495 千字
0001—4000 册
标准标号：ISBN 978-7-111-28853-4
ISBN 978-7-89451-326-7（光盘）
定价：39.00 元（含 1CD）

凡购本书，如有缺页、倒页、脱页，由本社发行部调换

电话服务   网络服务

社服务中心：(010) 88361066

销 售 一 部：(010) 68326294   门户网：http://www.cmpbook.com

销 售 二 部：(010) 88379649   教材网：http://www.cmpedu.com

读者服务部：(010) 68993821   **封面无防伪标均为盗版**

前　言

Photoshop 是目前世界上公认的权威性的图形图像处理软件，其最新的版本为 Adobe Photoshop CS4 中文版。该软件功能完善，性能稳定，使用方便，是平面广告设计、室内装潢、数码相片处理等领域不可或缺的工具。近年来，随着个人电脑的普及，使用 Photoshop 软件的个人用户也日益增多。

本书与上一版相比，增加了许多实用性很强的实例。此外，为了便于大家学习，这次改版除了保留原有的电子课件外，还在光盘中添加了部分实例的多媒体视频文件。

本书属于实例教程类图书，全书共 10 章，各章的主要内容如下：

第 1 章　Photoshop CS4 基础知识，主要介绍了 Photoshop CS4 中文版的界面构成、图像处理的相关知识，以及新增功能等；第 2 章　图像选区的选取与编辑，主要讲解了多种创建和编辑选区的方法；第 3 章　Photoshop CS4 工具与绘图，讲解了多种绘图工具的用途和使用技巧；第 4 章　图层的使用，讲解了图层混合模式、图层蒙版、图层样式的使用技巧；第 5 章　通道与蒙版的使用，讲解了利用通道与蒙版的相关知识制作各种特效的方法；第 6 章　图像色彩和色调调整，讲解了利用 Photoshop CS4 中的相关命令对图像进行色彩和色调调整及修复的方法；第 7 章　路径和矢量图形的使用，讲解了利用路径工具绘制和编辑路径，并对绘制的路径进行描边和填充的方法；第 8 章　滤镜的使用，讲解了滤镜的基础知识、滤镜的使用方法及滤镜的效果；第 9 章　Photoshop 自动化处理，讲解了利用 Photoshop 自动化处理的相关命令来提高工作效率的方法；第 10 章　综合实例，主要介绍如何综合利用 Photoshop CS4 的功能和技巧制作出精彩的作品。

本书是"设计软件教师协会"推出的系列教材之一。本书内容丰富，结构清晰，实例典型，讲解详尽，富于启发性。书中全部实例都是由多所院校（中央美术学院、北京师范大学、清华大学美术学院、北京电影学院、中国传媒大学、天津美术学院、天津师范大学艺术学院、首都师范大学、山东理工大学艺术学院、河北职业艺术学院）具有丰富教学经验的教师和一线优秀设计人员从长期教学和实际工作中总结出来的。参与本书编写的人员有张凡、李岭、郭开鹤、谭奇、冯贞、顾伟、李松、程大鹏、关金国、许文开、宋毅、李波、宋兆锦、郑志宇、刘翔、于元青、孙立中、肖立邦、韩立凡、王浩、张锦、曲付、李羿丹、田富源。

本书既可作为大专院校相关专业师生或社会培训班的教材，也可作为平面设计爱好者的自学用书和参考用书。

由于作者水平有限，书中不妥之处在所难免，敬请读者批评指正。

编　者

目　　录

第1章 Photoshop CS4 基础知识

本章重点

本章主要对 Photoshop CS4 中文版的界面进行介绍，并讲解 Photoshop CS4 中最基本的概念，如图像的类型、格式和色彩模式等。通过本章学习，读者应对 Photoshop CS4 有一个整体印象，从而为后面的学习奠定基础。

本章内容包括：

- 图像处理的基本概念
- Photoshop CS4 的启动和退出
- Photoshop CS4 中文版的界面构成
- Photoshop CS4 中文版的新增特性

1.1 图像处理的基本概念

本节将对图形和图像方面的基本概念作一些大体介绍。

1.1.1 位图和矢量图

从描述原理上讲，计算机所处理的图可以分为两大类——位图图像和矢量图形。由于图片描述原理的不同，对这两种图的处理方式也有所不同。

1. 位图图像

位图图像也称为栅格图像，它是由无数彩色网格组成的，每个网格称为一个像素，每个像素都具有特定的位置和颜色值。

由于一般位图图像的像素都非常多而且小，因此图像看起来比较细腻。但是如果将位图图像放大到一定比例，则无论图像的具体内容是什么，其看上去都是像马赛克一样的一个个像素，如图 1-1 所示。

图 1-1　位图图像

位图图像的优势在于可以表现颜色的细微层次，缺点在于放大显示时比较粗糙，而且图像文件往往比较大。

2. 矢量图形

矢量图形是由数学公式中所定义的直线和曲线组成的。数学公式是根据图像的几何特性来描绘图像的。例如，用半径这样的数学参数来准确定义一个圆，或者用长宽值来准确定义一个矩形。

相对于位图图像而言，矢量图形的优势在于不会随着显示比例等因素的改变而降低图像的品质。如图 1-2 所示，左图是按正常比例显示的一幅矢量图，右图为将该矢量图放大 3 倍后的效果。此时，可以清楚地看到放大后的图片依然很精细，并没有因为显示比例的改变而变得粗糙。

图 1-2　矢量图像

1.1.2　分辨率

分辨率是和图像相关的一个重要概念，它是指在单位长度内含有点（即像素）的多少。分辨率的种类有很多，其含义也各不相同。正确理解分辨率在各种情况下的具体含义，是至关重要的一步。下面对几种常用分辨率做一个大体介绍。

1. 图像分辨率

图像分辨率是指图像中存储的信息量。这种分辨率有多种衡量方法，典型的是以每英寸的像素数（dpi）来衡量。图像分辨率和图像尺寸的值一起决定文件的大小及输出质量，该值越大，图形文件所占用的磁盘空间也就越大。图像分辨率以比例关系影响着文件的大小，即文件大小与其图像分辨率的平方成正比。如果保持图像尺寸不变，将图像分辨率提高 1 倍，则其文件容量会增大为原来的 4 倍。

2. 扫描分辨率

扫描分辨率是指扫描一幅图像之前所设定的分辨率，它将影响所生成图像文件的质量和使用性能，决定图像将以何种方式显示或打印。如果扫描图像用于 640 × 480 像素的屏幕显示，则扫描分辨率不必大于一般显示器屏幕的设备分辨率，即一般不超过 120dpi。但大多数情况下，扫描图像是为了在高分辨率的设备中输出。如果图像扫描分辨率过低，则会导致输出的效果非常粗糙；如果扫描分辨率过高，则数字图像中会产生超过打印所需要的信息，这样不但减慢了打印速度，而且在打印输出时会造成图像色调的细微过渡丢失。因此要根据不同的需要，选择合适的扫描分辨率。

3. 位分辨率

位分辨率又称位深，是用来衡量每个像素所保留颜色信息的位元数。这种分辨率可以标记为多种色彩等级，一般常见的有 8 位、16 位、24 位或 32 位色彩。有时，也将位分辨率称为颜色深度。所谓"位"，实际上是指 2 的平方次数，8 位即 2 的 8 次方，也就是 8 个 2 相乘，等于 256。因此，一幅 8 位色彩深度的图像，所能表现的色彩等级是 256 级。

4. 设备分辨率

设备分辨率又称输出分辨率，指的是在各类输出设备上每英寸可产生的点数，如显示器、喷墨打印机、激光打印机和绘图仪的分辨率。这种分辨率需通过 dpi 来衡量，目前 PC 显示器的设备分辨率在 60~120dpi 之间，而打印设备的分辨率则在 300~1440dpi 之间。

1.1.3　色彩模式

图像处理离不开色彩处理，因为图像是由色和形两种信息组成的。在使用颜色以前，需要理解色彩模式及 Photoshop 中定义色彩模式的方法。

色彩模式是描述颜色的方法，常见的色彩模式有：HSB、RGB、CMYK 和 Lab。在 Photoshop CS4 的"拾色器"对话框中，可以根据以上 4 种色彩模式来选择颜色，如图 1-3 所示。

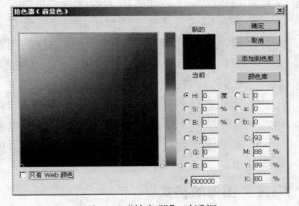

图 1-3　"拾色器"对话框

1. HSB 模式

HSB 模式是"Hue（色相）"、"Saturation（饱和度）"和"Brightness（亮度）"的缩写。HSB 模式是从人眼对颜色的感觉出发，根据以下 3 种基本特性来描述颜色的。

- 色相：即物体反射或透射光的颜色，通常用度来表示，范围是 0~360 度。
- 饱和度：即颜色的强度或纯度，通常以百分比来表示，范围是 0%~100%。
- 亮度：即颜色的相对明暗程度，通常使用 0%（黑色）~100%（白色）范围内的百分比值来表示。

2. RGB 模式

RGB 模式是"R（红色）"、"Green（绿色）"和"Blue（蓝色）"的缩写。它是一种加色模式，大多数色谱都是由红色、绿色和蓝色这 3 种色光混合而成的。例如，显示器便是采用 RGB 色彩模式的颜色系统。这 3 种基色的取值范围为 0~255，当 3 种基色的值均为 255 时，便得到白色；当 3 种基色的值均为 0 时，便得到黑色；当 3 种基色的值均为 128 时，便得到中性灰色。

3. CMYK 模式

CMYK 模式是 "Cyan（青色）"、"Magenta（洋红）"、"Yellow（黄色）" 和 "Black（黑色）" 的缩写，为避免和蓝色混淆，黑色用 K 而非 B 表示。它是一种减色模式，其中青色是红色的互补色；黄色是蓝色的互补色；洋红是绿色的互补色。CMYK 模式被广泛应用于印刷技术中。

4. Lab 模式

Lab 模式的原型是 1931 年国际照明委员会（CIE）制定的颜色度量国际标准模式，1976 年该模式重新修订并命名为 CIE Lab。

Lab 的最大特点是该模式的颜色与设备无关，无论使用何种设备（如显示器、打印机或扫描仪）创建或输出图像，都能生成一致的颜色。Lab 颜色是由亮度分量 L 和两个色度分量 a、b 组成的，其中 a 分量表示从绿色到红色，b 分量表示从蓝色到黄色。

5. 其他色彩模式

在 Photoshop CS4 中除了 HSB、RGB、CMYK 和 Lab 这 4 种模式外，还有以下几种色彩模式。

- 位图模式：使用两种颜色值（黑色或白色）之一表示图像中的像素，该模式下的图像也称为一位图像，因为系统只使用一个二进制位表示某个像素的颜色。
- 灰度模式：该模式图像中的每个像素都有一个 0（黑色）~255（白色）范围内的亮度值，通常，黑白或灰度扫描仪生成的图像以灰度模式显示。
- 双色调模式：通过 2~4 种自定油墨创建双色调（两种颜色）、三色调（三种颜色）和四色调（四种颜色）的图像。
- 索引颜色模式：当图像转换为该模式时，Photoshop CS4 将构建一个颜色查找表，用以存放并索引图像中的颜色，该模式最多有 256 种颜色。
- 多通道模式：该模式的每个通道使用 256 级灰度，多通道图像对于特殊打印机非常有用。

1.1.4　图像的格式

图像格式是指计算机表示和存储图像信息的格式。由于历史的原因，不同厂家表示图像文件的方法不一，目前已经有上百种图像格式，常用的也有几十种。同一幅图像可以用不同的格式来存储，但不同格式之间所包含的图像信息并不完全相同，其文件大小也有很大的差别。在使用时，用户可以根据自己的需要选用适当的格式。

1. PSD 格式

它是 Photoshop 软件默认的存储格式，这种格式可以存储 Photoshop 中所有图层、通道和剪切路径等信息。

2. BMP 格式

它是一种 DOS 和 Windows 操作系统平台上常用的图像格式，可以支持 RGB、索引颜色、灰度和位图颜色模式，但不支持 Alpha 通道，也不支持 CMYK 模式的图像。

3. TIFF 格式

它是一种无损压缩格式（采用的是 LZW 压缩），可以支持 RGB、CMYK、Lab、索引颜色、位图和灰度模式，而且在 RGB、CMYK 和灰度这 3 种颜色模式中还支持使用通道（Channel）、图层和剪切路径。在平面排版软件 PageMaker 中常使用这种格式。

4. JPEG 格式

它是一种有损压缩的网页格式，不支持 Alpha 通道，也不支持透明设置。当保存为此格式时，会弹出对话框，在 Quality 中设置数值越高，图像品质越好，文件也越大。该格式支持 24 位真彩色的图像，因此适用于色彩丰富的图像。

5. GIF 格式

它是一种无损压缩（采用的是 LZW 压缩）的网页格式，支持一个 Alpha 通道、透明设置和动画格式，支持 256 色（8 位图像）。目前 GIF 存在两类：GIF87a（严格不支持透明像素）和 GIF89a（允许某些像素透明）。

6. PNG 格式

它是由 Netscape 公司开发的一种无损压缩的网页格式。它是将 GIF 和 JPEG 两种格式中最好的特征结合在一起，支持 24 位真彩色、透明设置和 Alpha 通道。PNG 格式不完全支持所有浏览器，所以在网页中的使用频率要比 GIF 和 JPEG 格式少得多。但随着网络技术的发展和因特网传输速率的改善，PNG 格式将是未来网页中所使用的一种标准图像格式。

7. PDF 格式

它可跨平台操作，可在 Windows、Mac OS、UNIX 和 DOS 环境下浏览（多用 Acrobat Reader 软件）。它支持 Photoshop 格式所支持的所有颜色模式和功能，也支持 JPEG 和 Zip 压缩（但使用 CCITT Group 4 压缩的位图模式图像除外），以及透明设置，但不支持 Alpha 通道。

8. Targa 格式

Targa 格式专门用于使用 Truevision 视频卡的系统，而且通常受 MS-DOS 颜色应用程序的支持。它支持 24 位 RGB 图像（8 位×3 个颜色通道）和 32 位 RGB 图像（8 位×3 个颜色通道外加一个 8 位 Alpha 通道），也支持无 Alpha 通道的索引颜色和灰度图像。在以这种格式存储 RGB 图像时，可选择像素深度。

1.2　Photoshop CS4 的启动和退出

将 Photoshop CS4 安装到系统后，还需先启动该程序，然后才能使用程序提供的各项功能。使用 Photoshop CS4 完毕后，应及时退出该程序，以释放程序所占用的系统资源。

1. 启动 Photoshop CS4

通常，可按以下方法启动 Photoshop CS4。

● 单击屏幕左下角的"开始"按钮，然后在弹出的菜单中选择"程序"子菜单下的"Adobe Photoshop CS4"命令（菜单名和命令名可能因用户安装目录不同而有所不同）。

● 双击桌面上的 Photoshop CS4 启动快捷方式图标 。如果桌面上没有 Photoshop CS4 启动快捷方式图标，可以打开 Photoshop CS4 所在的文件夹，然后将"Photoshop.exe"图标拖动到桌面上即可。

2. 退出 Photoshop CS4

启动 Photoshop CS4 后，通常可按以下几种方法关闭该程序。

● 单击程序窗口右上角的 （关闭）按钮。

● 执行菜单中的"文件 | 退出"命令。

● 按快捷键〈Alt+F4〉或〈Ctrl+Q〉。

● 双击窗口左上角的 图标。

1.3 Photoshop CS4 的工作界面

启动 Photoshop CS4 后，即可进入 Photoshop CS4 的工作界面，如图 1-4 所示。

图 1-4　Photoshop CS4 的工作界面

1.3.1 菜单栏

当要使用某个菜单命令时，只需将鼠标移到菜单名上单击，即可弹出下拉菜单。此时，可从中选择所要使用的命令。

对于菜单，有如下的约定规则。

● 菜单项呈现暗灰色，则说明该命令在当前编辑状态下不可用。

● 菜单项后面有箭头符号，则说明该菜单项还有子菜单。

● 菜单项后面有省略号，则单击该菜单将会弹出一个对话框。

● 如果在菜单项的后面有快捷键，那么可以直接使用快捷键来执行菜单命令。

● 若要关闭所有已打开的菜单，可再次单击主菜单名，或者按键盘上的〈Alt〉键。若要逐级向上关闭菜单，可按〈Esc〉键。

1.3.2 工具箱和选项栏

1. 工具箱

Photoshop CS4 中的工具箱默认位于工作界面的左侧，要使用某种工具时，只要单击该工具即可。例如，单击工具箱中的 （矩形选框工具），然后在图像窗口内拖动鼠标，即可选出所需的矩形区域。

　　由于 Photoshop CS4 提供的工具比较多，因此工具箱并不能显示出所有的工具，有些工具会被隐藏在相应的子菜单中。可以看到，在工具箱的某些工具图标上有一个小三角符号，这表明该工具拥有相关的子工具。单击该工具并按住鼠标不放（或右击），然后将鼠标指针移至打开的子菜单中，单击所需要的工具，则该工具将出现在当前工具箱上，如图 1-5 所示。为了便于学习，图 1-6 列出了 Photoshop CS4 工具箱中的各工具及其名称。

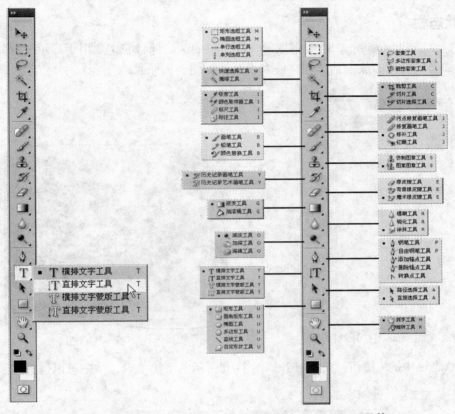

图 1-5　调出子工具　　　　　图 1-6　Photoshop CS4 工具箱

2. 选项栏

　　选项栏位于菜单栏的下方，其功能是设置各个工具的参数。当用户选取某一工具后，选项栏中的选项将发生变化，不同的工具有不同的参数，图 1-7 为是渐变工具和钢笔工具的选项栏。

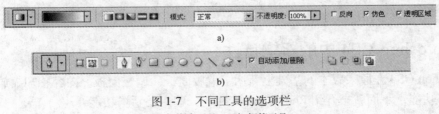

图 1-7　不同工具的选项栏
a）渐变工具　　b）钢笔工具

1.3.3 面板

面板位于工作界面的右侧，利用它可以完成各种图像处理操作和工具参数设置，如显示信息、选择颜色、编辑图层、制作路径和录制动作等。其所有面板都可在"窗口"菜单中找到。

为了便于操作，Photoshop CS4 还将面板以缩略图的方式显示在工作区中，用户可以通过单击缩略图来打开（或关闭）相应面板，如图 1-8 所示。

1.3.4 状态栏

状态栏位于 Photoshop CS4 当前图像文件窗口的最底部。它主要用于显示图像处理的各种信息，如当前图像的放大倍数和文件大小等，如图 1-9 所示。

图 1-8　单击缩略图打开动作面板

图 1-9　状态栏

单击状态栏中的▶按钮，可以打开如图 1-10 所示的下拉菜单，从中可以选择显示文件的不同信息。

图 1-10　状态栏上的弹出菜单

1.4　Photoshop CS4 中的新增特性

Photoshop CS4 在原来版本的基础上新增了蒙版面板、调整面板、内容感知缩放、3D 绘图与合成等功能，下面就来介绍 Photoshop CS4 的一些主要新增功能。

1.4.1　创新的 3D 绘图与合成

Photoshop CS4 借助全新的光线描摹渲染引擎，现在可以生成基本的三维模型，包括一些罐子、酒瓶、帽子模型，以及常用的一些基本形状。用户不但可以使用材质进行贴图，还可以直接使用画笔和图章在三维对象上绘画，以及与时间轴配合完成三维动画等，从而进一步推进了 2D 和 3D 技术的完美结合。图 1-11 为利用 Photoshop CS4 的 3D 绘图功能将标志放置到车顶上的三维效果。

图 1-11　利用 3D 绘图功能将标志放置到车顶上的三维效果

1.4.2　调整面板

利用 Photoshop CS4 新增的调整面板中的各个工具（见图 1-12），可以简化对图像的调整，实现无损调整并增强图像的颜色和色调。图 1-13 为原图，图 1-14 为利用调整面板调整后的效果。

图 1-12　调整面板

图 1-13　原图

图 1-14 利用调整面板调整后的效果

1.4.3 蒙版面板

利用 Photoshop CS4 新增的蒙版面板（见图 1-15），可以快速创建和编辑蒙版。该面板提供了用户需要的所有工具，它们可用于创建基于像素和矢量的可编辑蒙版、调整蒙版深度和羽化值，以及轻松选择非相邻对象等。图 1-16 为原图，图 1-17 为利用蒙版面板进行羽化后的负片效果。

图 1-15 蒙版面板

图 1-16 原图

图 1-17 利用蒙版面板进行羽化后的负片效果

1.4.4　流体画布旋转

利用 Photoshop CS4 工具箱中新增的 （旋转工具），通过单击即可随意旋转画布，按任意角度无扭曲地查看绘图。图 1-18 为原图，图 1-19 为旋转画面后的效果。

图 1-18　原图　　　　　　　　　　　图 1-19　旋转画面后的效果

1.4.5　图像自动混合

使用增强的自动混合层命令，可以根据焦点不同的一系列照片轻松创建一个图像，并可以轻松混合颜色和底纹。

1.4.6　更顺畅的遥摄和缩放

使用全新、顺畅的缩放和遥摄功能，可以轻松定位到图像中的任何区域。借助全新的像素网格功能，可保证缩放到个别像素时仍有良好的清晰度，并以最高的放大率实现轻松编辑。

1.4.7　内容感知型缩放

利用创新的内容感知型缩放功能，可以在调整图像大小时自动重排图像，在图像调整为新尺寸时智能地保留重要区域。最终，实现一步到位地制作出完美图像，无须高强度裁剪与润饰。图 1-20 为原图，图 1-21 为使用内容感知型缩放后的效果。

图 1-20　原图　　　　　　　　　　　图 1-21　使用内容感知型缩放后的效果

1.4.8　层自动对齐

使用增强的自动对齐层命令，可以对移动、旋转或变形层进行更精确地对齐。此外，也可以使用球体对齐功能来创建令人惊叹的全景效果。

1.4.9　更远的景深

可以将曝光度、颜色和焦点各不相同的图像（可选择保留色调和颜色）合并为一个经过颜色校正的图像。

1.4.10　增强的动态图形编辑

借助全新的单键式快捷键更有效地编辑动态图形，使用全新的音频同步控件可以实现可视效果与音频轨道中特定点的同步，使 3D 对象变为视频显示区。

1.4.11　更强大的打印选项

借助出众的色彩管理、与先进打印机型号的紧密集成，以及预览溢色图像区域的能力，可以实现卓越的打印效果。在 Mac OS 上支持 16 位打印，从而提高了颜色深度和清晰度。

1.4.12　更好的原始图像处理

使用 Adobe Photoshop Camera Raw 5 插件，在处理原始图像时，可以实现出色的转换质量。目前，该插件提供了本地化的校正、裁剪后晕影、TIFF 和 JPEG 的处理等功能，以及对 190 多种相机型号的支持。

1.4.13　与其他 Adobe 软件集成

Photoshop CS4 增强了与其他 Adobe 应用程序之间的集成，从而可以提高工作效率。这些应用程序包括 Adobe After Effects、Adobe Premiere Pro 和 Adobe Flash Professional 等。

1.4.14　业界领先的颜色校正

在 Photoshop CS4 中，用户可以体验大幅增强的颜色校正功能，经过重新设计的减淡、加深和海绵工具，以及智能保留颜色和色调详细信息等功能。

1.5　课后练习

1. 填空题

（1）在色彩模式中，＿＿＿＿模式是加色模式，＿＿＿＿模式是减色模式。

（2）从描述原理上讲，计算机所处理的图可以分为＿＿＿＿和＿＿＿＿两大类。

2. 选择题

（1）Photoshop 中默认保存的标准格式是＿＿＿＿。

　A. .gif　　B. .jpg　　C. .psd　　D. .eps

（2）＿＿＿＿格式是一种带压缩的文件格式。

　A. .psd　　B. .jpg　　C. .bmp　　D. .tiff

（3）＿＿＿＿模式是在 Photoshop CS4 的"拾色器"对话框中可以选择的颜色模式。

　A. RGB　　B. Lab　　C. 索引颜色　　D. 多通道

3. 问答题

简述 Photoshop CS4 的新增功能。

第 2 章　图像选区的选取与编辑

本章重点

在 Photoshop CS4 中，对位图图像的局部进行编辑前，先要通过各种途径选取相应的选区，因此在本章学习中应掌握多种创建和编辑选区的方法。

本章内容包括：

■ 图像选区的选取方法
■ 图像选区的编辑方法

2.1　图像选区的选取

在 Photoshop CS4 中，大多数操作都不是针对整幅图像的。既然不针对整幅图像，就必须指明是针对图像的哪个部分，这个过程就是创建选区的过程。创建选区是许多操作的基础，Photoshop CS4 提供了多种创建选区的方法，下面将对各种创建方法进行具体讲解。

2.1.1　选框工具组

选框工具组位于工具箱的左上角，利用该工具组创建图像选区是最基本的方法。其中，包括 ⬚（矩形选框工具）、⬭（椭圆选框工具）、⬚（单行选框工具）和 ⬚（单列选框工具）4 种选框工具。

1．矩形、椭圆选框工具

使用矩形（或椭圆）选框工具，可以创建外形为矩形（或椭圆）的选区，其具体操作过程如下：

1）在工具箱中选择 ⬚（矩形选框工具）或 ⬭（椭圆选框工具）。

2）在图像窗口中拖动鼠标，即可绘制出一个矩形或椭圆形选区。此时建立的选区以闪动的虚线框表示，如图 2-1 所示。

3）在拖动鼠标绘制选框的过程中，按住〈Shift〉键，可以绘制出正方形或圆形选区；按住〈Alt+Shift〉组合键，可以绘制出以某一点为中心的正方形或圆形选区。

4）此外，在选中矩形或椭圆选框工具后，可以在选项栏的"样式"下拉列表中选择控制选框尺寸和比例的方式，如图 2-2 所示。

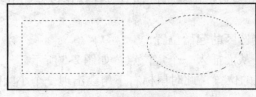

图 2-1　绘制选区　　　　　　　　　　　　图 2-2　样式种类

各种样式的功能说明如下。

● 正常：默认方式，完全根据鼠标拖动的情况确定选框尺寸和比例。

- 固定长宽比：选择该选项后，可以在后面的"宽度"和"高度"框中输入具体的宽高比，在拖动鼠标绘制选框时，选框将自动符合该宽高比。
- 固定大小：选择该选项后，在后面的"宽度"和"高度"框中输入具体的宽高数值，然后在图像窗口中单击，即可在单击处创建一个指定尺寸的选框。

5）如果要取消当前选区，按键盘上的〈Ctrl+D〉组合键即可。

2．单行、单列选框工具

⊞（单行选框工具）和⊟（单列选框工具）专门用于创建只有一个像素高的行选区或一个像素宽的列选区，其具体操作过程如下：

1）选择工具箱中的⊞（单行选框工具）或⊟（单列选框工具）。

2）在图像窗口中单击，即可在单击处建立一个单行或单列的选区。

2.1.2　套索工具组

套索工具组是一种常用的创建不规则选区的工具，它包括⊘（套索工具）、⊘（多边形套索工具）和⊘（磁性套索工具）3种工具。

1．套索工具

套索工具可以创建任意不规则形状的选区，其具体操作过程如下：

1）选择工具箱上的⊘（套索工具）。

2）将鼠标移至图像工作区中，在打开的图像上按下鼠标左键不放，拖动鼠标选取需要的范围，如图2-3所示。

3）将鼠标拖回至起点，松开鼠标左键，即可选择一个不规则形状的范围，如图2-4所示。

图2-3　拖动鼠标　　　　　　　　　　图2-4　选取范围

2．多边形套索工具

多边形套索工具可以创建任意不规则形状的多边形图像选区，其具体操作过程如下：

1）选择工具箱中的⊘（多边形套索工具）。

2）将鼠标移至图像窗口中，然后单击确定选区的起始位置。

3）移动鼠标到要改变方向的位置并单击，从而插入一个定位点，如图2-5所示。

4）同理，直到选中所有的范围并回到起点的位置，此时鼠标右下角会出现一个小圆圈，单击即可封闭并选中该区域，如图2-6所示。

> 提示：在选取过程中，如果出现错误，可以按下键盘上的〈Delete〉键删除最后选取的一条线段。而如果按住〈Delete〉键不放，则可以删除所有选中的线段，效果与按下〈Esc〉键相同。

图 2-5　确定定位点　　　　　　　　　图 2-6　封闭选区效果

3. 磁性套索工具

磁性套索工具能够根据鼠标经过处不同像素值的差别，对边界进行分析，自动创建选区。它的特点是可以方便、快速、准确地选取较复杂的图像区域。其具体操作过程如下：

1）选择工具箱上的 ⌷（磁性套索工具）。

2）将鼠标移动至图像工作区中，然后单击确定选区的起点。

3）沿着要选取的物体边缘移动鼠标（不需要按住鼠标按键），当选取终点回到起点时，鼠标右下角会出现一个小圆圈，如图 2-7 所示，此时单击即可完成选取，其封闭选区效果如图 2-8 所示。

图 2-7　沿着要选取的物体边缘进行绘制　　　　　　图 2-8　封闭选区效果

4）在"磁性套索工具"选项栏中可设置相关参数，如图 2-9 所示。

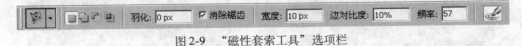

图 2-9　"磁性套索工具"选项栏

其中，各项参数的功能说明如下。

● "羽化"和"消除锯齿"：此两项的功能与选框工具选项栏中的功能一样。

● 宽度：用于指定磁性套索工具在选取时检测的边缘宽度，其值在 1~256 像素之间。值越小，检测越精确。

● 频率：用于设置选取时的定位点数，值越高，产生的定位点越多。图 2-10 为采用不同频率值所产生的效果。

图 2-10　采用不同频率值所产生的效果

● 边对比度：用于设置选取时的边缘反差（取值范围 1%~100%）。值越大，反差越大，选取的范围越精确。

● （使用绘图板压力以更改钢笔宽度）：该选项只有在安装了绘图板及其驱动程序时，才有效。在某些工具中，还可以设置大小、颜色及不透明度。这个选项的使用会影响磁性套索、磁性钢笔、铅笔、画笔、喷枪、橡皮擦、仿制图章、图案图章、历史记录画笔、涂抹、模糊、锐化、减淡、加深和海绵等工具。

2.1.3　魔棒工具组

魔棒工具组包括 （魔棒工具）和 （快速选择工具）两种工具。

1. 魔棒工具

魔棒工具是基于图像中相邻像素的颜色近似程度来进行选择的。选择工具箱中的 （魔棒工具），此时选项栏如图 2-11 所示。

图 2-11　"魔棒工具"选项栏

其中，各项参数的功能说明如下。

● 容差：容差的取值范围是 0~255，默认值为 32。输入的值越小，选取的颜色范围就越接近，选取范围就越小。图 2-12 是采用两个不同的容差值选取后的效果。

图 2-12　采用不同的容差值选取后的效果

- 消除锯齿：该复选框用于设置所选取范围是否具备消除锯齿的功能。
- 连续：选中该复选框，表示只能选中单击处邻近区域中的相同像素；而取消选中该复选框，则能够选中符合该像素要求的所有区域。在默认情况下，该复选框总是被选中的。图 2-13 是选中和取消选中该复选框时图像的前后比较效果。

图 2-13　选中和取消选中"连续"复选框时图像的前后比较效果

- 对所有图层取样：该复选框用于具有多个图层的图像。未选中它时，魔棒只对当前选中的层起作用；如选中它则对所有层起作用，此时可以选取所有层中相近的颜色区域。

提示：使用 （魔棒工具）时，按住〈Shift〉键，可以不断扩大选区。由于魔棒工具可以选择颜色相同或者相近的整片色块，因此在一些情况下可以节省用户大量精力，又能达到不错的处理效果。尤其是对于各区域色彩相近而形状复杂的图像，使用 （魔棒工具）比使用 （矩形选框工具）和 （套索工具）要省力得多。

利用魔棒工具选取范围是十分便捷的，尤其是对色彩和色调不很丰富，或者是仅包含某几种颜色的图像（例如，在图 2-14 中选取水鸟选区），此时若用选框工具或套索工具进行框选，其操作是十分繁琐的。但如果使用魔棒工具来选择就非常简单，具体操作步骤如下：

1）选择工具箱上的 （魔棒工具），单击图像窗口中的蓝色区域，如图 2-15 所示。

图 2-14　打开图片　　　　　　　　　图 2-15　创建水鸟以外选区

2）执行菜单中的"选择|反向"命令（快捷键〈Ctrl+Shift+I〉），将选取范围反转，此时就选取了水鸟的选区，如图 2-16 所示。

图 2-16　创建水鸟选区

2. 快速选择工具

快速选择工具的参数选项栏如图 2-17 所示。（快速选择工具）是智能的，它比魔棒工具的操作更加直观和准确。使用时不需要在选取的整个区域中涂画，快速选择工具会自动调整所涂画的选区大小，并寻找到边缘使其与选区分离。

图 2-17　"快速选择工具"选项栏

快速选择工具的使用方法是基于画笔模式的，即可以"画"出所需的选区。如果是选取离边缘比较远的较大区域，就要使用大一些的画笔；如果是要选取边缘，则换成小尺寸的画笔，这样才能尽量避免选取背景像素。

2.1.4　"色彩范围"命令

魔棒工具能够选取具有相同颜色的图像，但是它不够灵活。当对选取不满意时，只好重新选取一次。因此，Photoshop CS4 又提供了一种比魔棒工具更具有弹性的命令——"色彩范围"命令。利用此命令创建选区，不仅可以一边预览一边调整，还可以随心所欲地完善选取范围。其具体操作步骤如下：

1）执行菜单中的"选择 | 色彩范围"命令，弹出如图 2-18 所示的对话框。

2）在"色彩范围"对话框中间有一个预览框，显示当前已经选取的图像范围。如果当前尚未进行任何选取，则会显示整个图像。下面的两个单选按钮用来设置不同的预览方式。

● 选择范围：选择该单选按钮，在预览框中只显示出被选取的范围。

● 图像：选择该单选按钮，在预览框中可显示整幅图像。

3）单击"选择"下拉列表框右侧的倒三角按钮，从弹出的下拉列表中选择一种颜色范围的选取方式，如图 2-19 所示。

其中，各选项的功能说明如下。

● 选择"取样颜色"选项时，可以用吸管吸取颜色。当鼠标移向图像窗口或预览框中时，会变成吸管形状，单击即可选取当前颜色。同时，可以配合颜色容差滑块进行使用。滑块可以调整颜色选取范围，值越大，所包含的近似颜色越多，选取的范围就越大。

● 选择"红色"、"黄色"、"绿色"、"青色"、"蓝色"和"洋红"选项，可以指定选取图像中的 6 种颜色，此时颜色容差滑块不起作用。

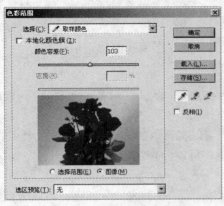

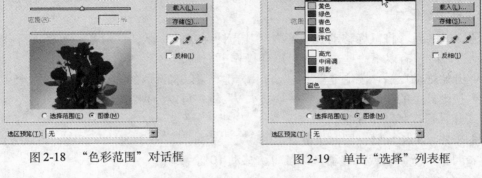

图 2-18　"色彩范围"对话框　　　　　　图 2-19　单击"选择"列表框

- 选择"高光"、"中间调"和"阴影"选项，可以选取图像不同亮度的区域。
- 选择"溢色"选项，可以将一些无法印刷的颜色选取处理。该选项只用于 RGB 模式下的图像。

4）单击"选区预览"下拉列表框右侧的倒三角按钮，从弹出的下拉列表中选择一种选取范围在图像窗口中显示的方式，如图 2-20 所示。

其中，各项功能的说明如下。

- 无：表示在图像窗口中不显示预览。
- 灰度：表示在图像窗口中以灰色调显示未被选取的区域。
- 黑色杂边：表示在图像窗口中以黑色显示未被选取的区域。
- 白色杂边：表示在图像窗口中以白色显示未被选取的区域。

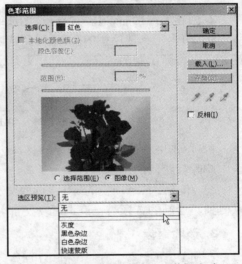

图 2-20　选择"选区预览"方式

- 快速蒙版：表示在图像窗口中以默认的蒙版颜色显示未被选取的区域。

5）在"色彩范围"对话框中有 3 个吸管按钮，可以增加或减少选取的颜色范围。当要增加选取范围时，可以选择 ，当要减少选取范围时，可以选择 ，然后将鼠标移到预览框（或图像窗口）中单击即可完成。

6）选择"反相"复选框，可在选取范围与非选取范围之间切换，效果与执行菜单中的"图像|调整|反相"命令相同。

7）设置完成后，单击"确定"按钮，即可完成范围的选取。

2.2　图像选区的编辑

有些选区非常复杂，不一定能一次就得到需要的选区，因此在建立选区后，还需要对选区进行各种调整操作，以使选区符合需要。

2.2.1　选区基本操作

选区的基本操作包括移动选区、增减选区范围、消除锯齿和羽化选区 4 部分。

1．移动选区

建立选区后，将鼠标移动到选区内，其指针会变成 ▸ 状，此时拖动鼠标即可移动选区。在移动选区时，有以下一些小技巧可以使操作更准确。

● 开始拖动以后，按住键盘上的〈Shift〉键，可以将选取的移动方向限制为 45° 的倍数。

● 按键盘上的 "↑"、"↓"、"←" 或 "→" 键，可以分别将选区向上、下、左或右移动，并且每次移动 1 像素。

● 按住〈Shift〉键，同时按键盘上的 "↑"、"↓"、"←" 或 "→" 键，可以分别将选区向上、下、左或右移动，并且每次移动 10 像素。

2．增减选区范围

在创建了选区后，还可以进行增加或减少选区操作。其具体操作步骤如下：

1) 单击工具选项栏的 ▣ (添加到选区) 按钮，如图 2-21 所示，或按住键盘上的〈Shift〉键，可以将新绘制的选区添加到已有选区中。

图 2-21　单击 "添加到选区" 按钮

2) 单击工具选项栏的 ▣ (从选区减去) 按钮，或按住键盘上的〈Alt〉键，可以从已有选区中删除新绘制的选区。

3) 单击工具选项栏的 ▣ (与选取交叉) 按钮，或按住键盘上的〈Alt+Shift〉组合键，可以得到新绘制的选区与已有选区交叉部分的选区。

3．消除锯齿

在使用 ▣ (套索工具)、▣ (多边形套索工具)、▣ (椭圆选框工具) 或 ▣ (魔棒工具) 时，各工具选项栏上都会出现一个 "消除锯齿" 复选框，该复选框用于消除选区边框上的锯齿。选中该复选框后，建立的选区边框会比较平滑。

要消除锯齿，必须在建立选区前就选中该复选框。一旦选区被建立后，即使选中 "消除锯齿" 复选框，也不能使选区边框变平滑。

4．羽化选区

通常使用选框工具建立的选区的边缘是 "硬" 的，也就是说，选区边缘以内的所有像素都被选中，而选区边缘以外的所有像素都不被选中。而羽化则可以在选区的边缘附近形成一条过渡带，这个过渡带区域内的像素逐渐由全部被选中过渡到全部不被选中。过渡边缘的宽度即为羽化半径，单位为像素。

羽化选区分为两种情况：一是在绘制选区前设置羽化值 (即选前羽化)；二是在绘制选区后再对选区进行羽化 (即选后羽化)。

（1）选前羽化

在工具箱中，选中了某种选区工具后，工具选项栏中会出现一个"羽化"框，在该框中输入羽化数值后，即可为要创建的选区设置羽化效果。

（2）选后羽化

对已经选好的一个区域进行边缘羽化，具体操作步骤如下：

1）打开一幅需要羽化边缘的图片，然后利用 （椭圆选框工具）绘制一个椭圆选区，如图 2-22 所示。

2）此时设置羽化值为 0，然后执行菜单中的"选择|反向"命令，反选选区，接着按〈Delete〉键删除背景，效果如图 2-23 所示。

图 2-22 创建椭圆选区

图 2-23 删除选区以外部分

3）返回到第 1）步，执行菜单中的"选择|羽化"命令，在弹出的"羽化选区"对话框中输入羽化数值为 100（见图 2-24），单击"确定"按钮，效果如图 2-25 所示。

图 2-24 设置羽化值

图 2-25 羽化后效果

2.2.2 选区修改操作

在创建了选区后，可以通过菜单命令（包括扩展选区、收缩选区、平滑选区、边界选区、扩大选取和选取相似等）对选区的边框进行调整，并可通过拖动控制点的方式调整选区边框的形状。

1. 扩展和收缩选区

在图像中建立了选区后，可以指定选区向外扩展或向内收缩像素值。具体操作步骤如下：

1）打开一幅图片，选中要扩展或收缩的选区，如图 2-26 所示。

2）执行菜单中的"选择|修改|扩展"命令，在弹出的"扩展选区"对话框中输入数值为 10，如图 2-27 所示，单击"确定"按钮，即可将选区扩展为输入数值所对应的范围，效果如图 2-28 所示。

图 2-26　创建选区　　　　图 2-27　设置扩展选区参数　　　　图 2-28　扩展选区后的效果

3）返回到第 1）步，执行菜单中的"选择|修改|收缩"命令，在弹出的"收缩选区"对话框中输入数值为 10，如图 2-29 所示，单击"确定"按钮，即可将选区收缩为输入数值所对应的范围，效果如图 2-30 所示。

图 2-29　设置收缩选区参数　　　　图 2-30　收缩选区后的效果

2. 边界选区

边界选区是指将原来选区的边界向内收缩指定的像素得到内框，向外扩展指定的像素得到外框，从而将内框和外框之间的区域作为新的选区。具体操作步骤如下：

1）打开一幅图片，选中要扩边的选区部分，如图 2-31 所示。

2）执行菜单中的"选择 | 修改 | 边界"命令，在弹出的"边界选区"对话框中输入数值为 20，如图 2-32 所示，单击"确定"按钮，即可将选区边界扩大至输入数值所对应的范围，效果如图 2-33 所示。

图2-31　创建选区　　　　　图2-32　设置边界选区参数　　　　图2-33　边界选区后的效果

3. 平滑选区

在使用魔棒工具等创建选区时，经常出现一大片选区中有一些小块未被选中的情况，通过执行菜单中的"选择 | 修改 | 平滑"命令，可以很方便地去除这些小块，从而使选区变得完整。具体操作步骤如下：

1）打开一幅图片，选中要平滑的选区部分，如图 2-34 所示。

2）执行菜单中的"选择 | 修改 | 平滑"命令，在弹出的"平滑选区"对话框中输入数值为 20，如图 2-35 所示，单击"确定"按钮，即可对选区进行平滑操作，效果如图 2-36 所示。

图2-34　创建选区　　　　　图2-35　设置平滑选区参数　　　　图2-36　平滑选区后的效果

4. 变换选区

在 Photoshop CS4 中不仅可以对选区进行增减、平滑等操作，而且可以对选区进行翻转、旋转和自由变形的操作。具体操作步骤如下：

1）打开一幅图片，选中要变换的选区部分。

2）执行菜单中的"选择 | 变换选区"命令，可以看到选区周围会显示出一个矩形框，并且在矩形框上有多个操作点，拖动这些操作点可以调整选区的外形，如图 2-37 所示。

3）调整完毕后，按键盘上的〈Enter〉键，可以确认调整操作，按〈Esc〉键可以取消调整操作，并将选区恢复到调整前的形状。

5. 扩大选取

扩大选取是指在现有选区的基础上，将所有符合魔棒选项中指定容差范围内的相邻像素添加到现有选区中。执行菜单中的"选择|扩大选取"命令，可以执行扩大选取操作。图2-38为执行"扩大选取"命令前后的图像对比效果。

图2-37　"变换选区"矩形框

扩大选取前

扩大选取后

图2-38　执行"扩大选取"命令前后的对比

6. 选取相似

选取相似是指在现有选区的基础上，将整幅图像中所有与原有矩形选区内的像素颜色相近的区域添加到选区中。执行菜单中的"选择|选取相似"命令，可以执行选区相似操作。图2-39为执行"选取相似"命令前后的图像对比效果。

选取相似前

选取相似后

图2-39　执行"选取相似"命令前后的对比

2.2.3　选区存储与载入

有些时候，同一个选区要使用很多次，为了便于以后操作，可以将该选区存储起来。存储后的选区将成为一个蒙版显示在通道面板中，当用户需要时，可以随时载入这个选区。存储选区的具体步骤如下：

1）打开一幅图片，选中要存储的选区部分，如图2-40所示。

2）执行菜单中的"选择|存储选区"命令，在弹出的"存储选区"对话框中设置参数，如图 2-41 所示。

其中，各参数的功能说明如下。

● 文档：用于设置该选区范围的文件位置，默认为当前图像文件。如果当前有相同分辨率和尺寸的图像打开，则这些文件也会出现在列表中。用户还可以从文档下拉列表中选择"新建"选项，创建一个新的图像窗口进行操作。

● 通道：在该下拉列表中可以为选取的范围选择一个目的通道。默认情况下，选区会被存储在一个新通道中。

● 名称：用于设置新通道的名称，这里设置为"黄色玫瑰"。

● 操作：用于设置保存时的选取范围和原有范围之间的组合关系，其默认值为"新建通道"，其他的选项只有在"通道"下拉列表中选择了已经保存的 Alpha 通道时才能使用。

3）单击"确定"按钮，即可完成对选区范围的保存。此时，在通道面板中将显示出所保存的信息，如图 2-42 所示。

图 2-40　创建选区

图 2-41　"存储选区"对话框

图 2-42　通道面板

4）当需要载入原先保存的选区时，可以执行菜单中的"选择|载入选区"命令，此时会弹出"载入选区"对话框，如图 2-43 所示。

其中，各参数的功能说明如下。

● 反相：选中该复选框后，载入的内容反相显示。

● 新建选区：选中后，将新的选区代替原有选区。

● 添加到选区：选中后，将新的选区加入到原有选区中。

● 从选区中减去：选中后，将新的选区和原有选区的重合部分从选区中删除。

● 与选区交叉：选中后，将新选区与原有选区交叉。

图 2-43　"载入选区"对话框

5）单击"确定"按钮，即可载入新选区。

2.3 实例讲解

本节我们将通过两个实例来对 Photoshop CS4 中图像选区的选取与编辑等相关知识进行具体应用，旨在帮助读者能够举一反三，快速掌握图像选区的选取与编辑。

2.3.1 制作烛光晚餐效果

 要点：

本例将利用 8 幅图片来合成一幅图片，如图 2-44 所示。通过本例的学习，应掌握多边形（或磁性）套索工具、魔棒工具、色彩范围、扩大选取、选取相似等创建选区的方法，以及贴入命令的使用。

图 2-44 烛光晚餐效果

操作步骤：

1）执行菜单中的"文件|打开"命令（快捷键〈Ctrl+O〉），打开配套光盘中的"随书素材及结果\2.3.1 制作烛光晚餐效果\原图 1.bmp"文件，如图 2-44 所示。

2）将"原图 1.bmp"文件最小化，然后打开配套光盘中的"随书素材及结果 \2.3.1 制作烛光晚餐效果 \ 原图 2.bmp"文件，如图 2-44 所示。为了方便操作，可选择工具箱上的 🔍（缩放工具），放大视图。

3）用鼠标按住 ⊘（套索工具）不放，在弹出的子菜单中选择 ⊿（多边形套索工具）。然后利用 ⊿ 沿着盘子和烤鸡的边缘进行拖动，创建选区如图 2-45 所示。

　　提示：⊿是依靠绘图者自行绘制的过程来创建选区的。它可以选择极其不规则的多边形形状，因此一般用于选取一些复杂的，但棱角分明、边缘呈直线的图形。

4）执行菜单中的"编辑|复制"命令（快捷键〈Ctrl+C〉），将选取的范围进行复制，并将"原图 2.bmp"文件关闭。将刚才最小化的"原图 1.bmp"文件还原，然后执行菜单中的"编辑|粘贴"命令（快捷键〈Ctrl+V〉），将复制的文件进行粘贴。粘贴后，在工具箱中选择 ▶（移动工具），将粘贴的对象拖到适当的位置，注意盘子底部与餐桌之间的距离，效果如图 2-46 所示。

图 2-45　创建盘子和烤鸡选区

图 2-46　将盘子和烤鸡粘贴到"原图 1.bmp"中

5）此时粘贴的鸡过大。为了解决这个问题，需执行菜单中的"编辑|自由变换"命令（快捷键〈Ctrl+T〉），效果如图 2-47 所示。然后按住键盘上的〈Shift〉键，将光标放置到任意一个控制角点上拖动鼠标，等比例缩小图片到适当的尺寸，最后按下键盘上的〈Enter〉键确认，效果如图 2-48 所示。

图 2-47　适当缩小烤鸡对象

图 2-48　缩小后的效果

6）执行菜单中的"文件|打开"命令（快捷键〈Ctrl+O〉），打开配套光盘中的"随书素材及结果 \2.3.1 制作烛光晚餐效果 \ 原图 3.bmp"文件，如图 2-44 所示。

7）选择工具箱上的 ⬚（魔棒工具），不断调整容差值，最终建立杯子选区，如图2-49所示。

> **提示：** 魔棒是依靠颜色来创建选区的。当在图像或某个单独的层上单击图像的某个点时，附近与它颜色相同或相近的点，都会自动融入到选择区域中。选区的范围取决于容差值的大小，容差值越大，选区就越大。

8）执行菜单中的"编辑|复制"命令，将选区进行复制，然后将"原图3.bmp"文件关闭。接着将最小化的"原图1.bmp"文件还原，执行菜单中的"编辑|粘贴"命令，将复制的图像进行粘贴，并使用 ⬚（移动工具）将其移到适当的位置。通过"自由变换"命令将其缩放到适当的尺寸，效果如图2-50所示。

图2-49　创建饮料杯选区　　　　图2-50　将饮料杯粘贴到"原图1.bmp"中

9）将"原图1.bmp"文件最小化，执行菜单中的"文件|打开"命令，打开配套光盘中的"随书素材及结果 \2.3.1 制作烛光晚餐效果 \ 原图4.bmp"文件，如图2-44所示。

10）创建蛋糕选区。经观察发现，蛋糕以外的区域是同一颜色的。在这种情况下，可通过色彩范围来创建选区。具体方法：执行菜单中的"选择|色彩范围"命令，在弹出的对话框中选择 ⬚（吸管工具），然后在蛋糕以外单击，此时预览区域中被点选的部分变成了白色（表示它们已被选取），没被点选的部分变成了黑色，如图2-51所示。接着调节"颜色容差"的数值并选中"反相"复选框，如图2-52所示。单击"确定"按钮，从而创建出蛋糕选区，效果如图2-53所示。

图2-51　吸取蛋糕以外区域颜色的效果　　　　图2-52　选中"反相"复选框后效果

11）执行菜单中的"编辑|复制"命令（快捷键〈Ctrl+C〉），将选区进行复制，关闭"原图 4.bmp"文件。然后将"原图 1.bmp"文件还原，执行菜单中的"编辑|粘贴"命令，将复制的图像进行粘贴，并将其拖到适当的位置，效果如图 2-54 所示。

图 2-53　创建蛋糕选区　　　　　　　图 2-54　将蛋糕粘贴到"原图 1"中

12）将"原图 1.bmp"文件最小化，执行菜单中的"文件|打开"命令，打开配套光盘中的"随书素材及结果\2.3.1 制作烛光晚餐效果\原图 5.bmp"文件，如图 2-44 所示。

13）选择工具箱中的 ✎（魔棒工具），设置容差值为 20。然后在酒瓶的底部单击，接着执行菜单中的"选择|扩大选取"命令，将选择区域扩大。

14）将"扩大选取"命令执行多次后，如果酒瓶还没有被完全选取，可以按住键盘上的〈Shift〉键不放，使用 ✎（魔棒工具）单击瓶上没有选中的区域，直到完全选中酒瓶为止，效果如图 2-55 所示。

15）执行菜单中的"编辑|复制"命令，将选区进行复制，然后关闭"原图 5.bmp"文件。接着将"原图 1.bmp"文件还原，执行菜单中的"编辑|粘贴"命令，将复制的图像粘贴入原图 1 中，并将其拖到适当的位置。如果大小不合适，可以执行菜单中的"编辑|自由变换"命令（快捷键〈Ctrl+T〉）进行调整。调整的时候，先按住键盘上的〈Shift〉键，再用鼠标进行调整，这样就可以对酒瓶进行成比例的调整，效果如图 2-56 所示.

图 2-55　创建酒瓶选区　　　　　　　图 2-56　将酒瓶粘贴到"原图 1"中

提示： "自由变换"命令用于对选择区域进行缩放和旋转等操作。执行此命令后，选择区域上会出现一个矩形框及8个控制点，非常轻松地做到各种变形效果。基本上，自由变换可以实现的变形功能和变换子菜单下的各项变形功能是完全相同的，不论是执行"自由变换"命令还是"变换"命令，都可在图像工作区之内通过单击鼠标右键，调出快捷菜单。菜单中的选项允许在"自由变换"命令和"变换"命令之间切换。"变换"命令一次只能进行一项变形功能，若要进行不同的变形操作，必须不断地到"变换"菜单中挑选不同的变形命令。而"自由变换"命令在使用上更方便且更有弹性，它可以在设定变形效果时，不需要再改变命令即可完成多种变形功能。

16）将"原图1.bmp"文件最小化，然后执行菜单中的"文件|打开"命令，打开配套光盘"随书素材及结果\2.3.1 制作烛光晚餐效果\原图6.bmp"文件，如图2-44所示。

17）选择工具箱上的 (魔棒工具)，设置容差值为30。在酒杯上的任意位置单击，然后执行菜单中的"选择|选取相似"命令，将选取区域扩大。

18）如果执行"选取相似"命令后没有完全选中酒杯，则可以再次执行"选取相似"命令。如果酒杯上还有没选中的区域，则可以按住键盘上的〈Shift〉键不放，利用 (魔棒工具) 逐一选择这些未选中的区域。最终，酒杯选区效果如图2-57所示。

从上面的选择来看，单纯的一种选择方法是不能很好地完成工作的，只有将多种工具多种方法灵活应用，才更能取到事半功倍的效果。

提示： "选取相似"和"扩大选取"命令的相同点是它们和 (魔棒工具) 一样，都是根据像素的颜色近似程度来增加选择范围的；不同点在于，"扩大选取"命令只作用于相邻像素，而"选取相似"命令可针对所有颜色相近的像素。

19）执行菜单中的"编辑|复制"命令，将选区进行复制，然后关闭"原图6.bmp"文件。接着将"原图1.bmp"文件还原，执行菜单中的"编辑|粘贴"命令，将复制的图像进行粘贴。最后，将其拖到合适的位置并适当缩放，效果如图2-58所示。

图2-57　创建的酒杯选区　　　　　　　　图2-58　将酒杯粘贴到"原图1"中

20）将"原图1.bmp"文件最小化，然后执行菜单中的"文件|打开"命令，打开配套光盘"随书素材及结果\2.3.1 制作烛光晚餐效果\原图7.bmp"文件，如图2-44所示。

21）选择工具箱中的 (矩形选框工具)，如果当前该工具没有显示出来，则可以在工具上按住鼠标不放，直至弹出子菜单为止，拖动鼠标选择其中的矩形工具。

22）从图像的左上角沿对角线拖动矩形选框工具直到右下角，选择出一个矩形选区，如图 2-59 所示。

图 2-59　创建矩形选区

23）执行菜单中的的"编辑|复制"命令，将选区进行复制，然后关闭"原图 7.bmp"文件，并将"原图 1.bmp"文件还原。接着用鼠标单击图层控制面板中的背景层，使其成为当前层，如图 2-60 所示。最后用 （魔棒工具）在画面的黑色区域中单击，将黑色区域选中，结果如图 2-61 所示。

图 2-60　选择背景层

图 2-61　创建黑色区域选区

24）执行菜单中的"编辑|贴入"命令，将复制的图像进行粘贴。此时，如果觉得图像所在的位置不是很理想，那么可用菜单中的"编辑|自由变换"命令对图像进行调整，效果如图 2-62 所示。

提示："贴入"命令是将剪贴板的内容粘贴到当前图形文件的一个新层中。如果是同一个图形文件，它将被放置于与选择区域相同的位置处；如果是不同的图形文件，该图形文件中必须有一块选择区域，这样才能在选择区域内正确放置粘贴的内容。

25）将"原图 1.bmp"文件最小化，执行菜单中的"文件|打开"命令，打开配套光盘中的"随书素材及结果\2.3.1 制作烛光晚餐效果\原图 8.bmp"文件，如图 2-44 所示。

26）用鼠标按住工具箱中的 ▢（套索工具）不放，在弹出的子菜单中选择 ▢（磁性套索工具），然后把鼠标移动到图像上，在筷子盒的边界处单击开始选取。选取的时候，磁性套索工具会根据颜色的相似性选择出不规则的区域。最终，筷子盒选区的效果如图 2-63 所示。

图 2-62　贴入并调整图像大小　　　　　　　图 2-63　创建筷子盒选区

27）执行菜单中的"编辑|复制"命令，将选区进行复制，然后关闭"原图 8.bmp"文件，并将"原图 1.bmp"文件还原。接着执行菜单中的"编辑|粘贴"命令，将复制的图像进行粘贴，并将其拖到适当的位置，如图 2-64 所示。

28）按住键盘上的〈Alt+Shift〉组合键，选择工具箱上的 ▸✛（移动工具），水平复制筷子盒到对应的位置，最终效果如图 2-65 所示。

图 2-64　将筷子盒粘贴到"原图 1"中　　　　　图 2-65　复制筷子盒

2.3.2　制作立方体效果

要点：

本例将利用 4 幅图片来制作立方体效果，如图 2-66 所示。通过本例的学习，应掌握魔术棒工具、画笔工具，以及图层效果的综合应用。

原图 1　　　　　　原图 2　　　　　　原图 3　　　　　　原图 4

结果图

图 2-66　立方体效果

操作步骤:

1) 分别打开配套光盘中的"随书素材及效果 \2.3.2 制作立方体效果 \1.jpg"、"2.jpg"、"3.jpg"和"4.jpg"文件, 如图 2-66 所示。

2) 选择工具箱上的 (移动工具), 分别将 1.jpg、2.jpg 和 3.jpg 文件拖到 4.jpg 文件中, 此时图层分布及效果如图 2-67 所示。

图 2-67　图层分布及效果

3）在图层面板上单击"图层1"和"图层2"前面的眼睛图标，使这两个图层暂时不显示，如图2-68所示。

4）确定当前图层为"图层3"，使用快捷键〈Ctrl+T〉进行变形，变形后的效果如图2-69所示。

提示： 使用时按住键盘上的〈Ctrl+Shift〉组合键，点击左边线中间一个调整句柄，可以使对象倾斜变形。

图2-68　隐藏"图层1"和"图层2"

图2-69　对"图层3"进行变形

5）单击"图层2"前的眼睛图标，使该图层显示出来，如图2-70所示。

6）确定当前图层为"图层2"，使用快捷键〈Ctrl+T〉进行变形，变形后的效果如图2-71所示。

图2-70　显现"图层2"

图2-71　对"图层2"进行变形

7）同理，单击"图层1"前的眼睛图标，使该图层显示出来，如图2-72所示。

8）确定当前图层为"图层1"，使用快捷键〈Ctrl+T〉进行变形，变形后的效果如图2-73所示。

提示： 在使用变形的使用，直接拖动8个调整句柄可以进行比例变形，将鼠标放到调整句柄的外围可以对对象进行旋转。若按住〈Ctrl〉键拖动4个顶点处的调整句柄，可对单个点改变位置；若按住〈Ctrl〉

键拖动边线中间的小调整句柄，则可以倾斜对象；若同时按住〈Shift〉键，可以保证变形为水平或垂直。

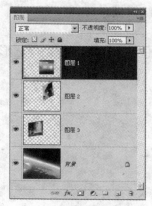

图 2-72　显现"图层 1"

图 2-73　对"图层 1"进行变形

9）按住键盘上的〈Ctrl〉键，同时选中"图层 1"、"图层 2"和"图层 3"，然后单击图层面板下方的（链接图层）按钮，从而将 3 个图层链接在一起（见图 2-74），这样就可以同时对 3 个图层进行变形了。然后再次使用快捷键〈Ctrl+T〉对 3 个图层上的对象同时做变形，并且将鼠标放到对象调整范围以外旋转对象，最终结果如图 2-75 所示。

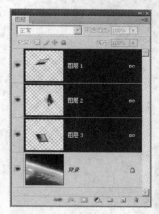

图 2-74　链接图层

图 2-75　最终效果

2.4　课后练习

1. 填空题

（1）执行菜单中的 ____ | ____ | ____ 命令，可以打开"平滑选区"对话框。

（2）魔棒工具的容差默认设置值为 ____。

2. 选择题

（1）____ 是基于图像中相邻像素的颜色近似程度来进行选择的。

　A. 套索工具　　B.多边形套索工具　　　C.魔棒工具　　D.磁性套索工具

（2）在原有选区的基础上，按 _____ 键时可以进行添加选区操作。

    A. Alt   B.Ctrl   C.Shift   D.Tab

（3）可以通过 _____ 操作使选区与其周边像素的过渡边缘模糊。

    A. 渐变   B.羽化   C.柔化   D.图案

（4）选择工具箱上的椭圆选框工具，在新建选区时，按住 _____ 键可以创建圆形选区。

    A. Alt   B.Ctrl   C.Shift   D.Tab

（5）"取消选区"的快捷键是 _____ 。

    A. Ctrl+E   B.Ctrl+D   C.Shift+D   D.Ctrl+Alt+D

3．问答题

（1）创建选区的方法有哪些？分别是什么？

（2）"扩大选取"和"选取相似"的区别是什么？

4．操作题

（1）练习1：利用如图2-76所示的图片（见光盘文件）制作出如图2-77所示的效果。

           图2-76　原图   图2-77　结果图

（2）练习2：制作出如图2-78所示的十字螺钉效果。

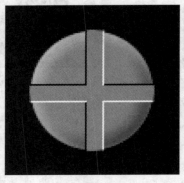

图2-78 十字螺钉效果

第3章　Photoshop CS4 工具与绘图

本章重点

Photoshop CS4 工具箱中包含了绘图工具、填充工具、图章工具、橡皮擦工具、图像修复工具和修饰工具等常用工具。通过本章学习应掌握这些工具的用途和使用技巧。

本章内容包括：
- 掌握绘图工具的使用
- 掌握填充工具的使用
- 掌握图章工具的使用
- 橡皮擦工具的使用
- 掌握图像修复工具的使用
- 掌握图像修饰工具的使用

3.1　绘图工具

Photoshop CS4 中的绘图工具主要有 ✐（画笔工具）和 ✐（铅笔工具）两种，利用它们可以绘制出各种效果，下面就来讲解它们的具体使用方法。

3.1.1　画笔工具

使用 ✐（画笔工具）可以绘制出比较柔和的线条，其线条效果如同用毛笔画出的一样。在使用画笔绘图工具时，必须在工具栏中选定一个适当大小的画笔，才可以绘制图像。

1. 画笔的功能

选择工具箱中的 ✐（画笔工具），此时工具选项栏将切换到画笔工具选项栏，如图 3-1 所示。其中有一个"画笔"选项，单击其右侧的小三角按钮，将打开一个下拉面板（见图 3-2），从中可以选择不同大小的画笔。此外，单击工具栏右侧的 ▣（切换画笔调板）按钮，同样会打开一个"画笔"面板，在此也可以选择画笔，如图 3-3 所示。

在"画笔"面板中，Photoshop CS4 提供了多种不同类型的画笔，使用不同类型的画笔，可以绘出不同的效果，如图 3-4 所示。

2. 新建和自定义画笔

虽然 Photoshop CS4 提供了很多类型的画笔，但在实际应用中并不能完全满足需要，所以为了绘图的需要，Photoshop CS4 还提供了新建画笔的功能。新建画笔的具体操作步骤如下：

1）执行菜单中的"窗口|画笔"命令，调出"画笔"面板，单击 ▣ 按钮，从弹出的下拉菜单中选择"新建画笔预设"命令，如图 3-5 所示。

提示：另外，可以单击"画笔"面板右下角的 ▣（创建新画笔）按钮来新建画笔。

图 3-1 "画笔工具"选项栏

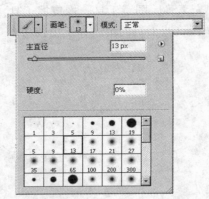

图 3-2 "画笔"下拉面板

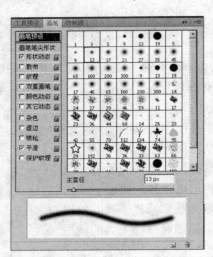

图 3-3 打开的"画笔"面板

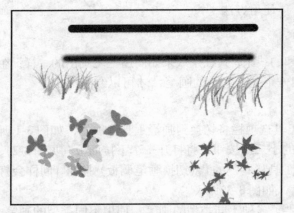

图 3-4 选择不同类型的画笔绘制出不同效果

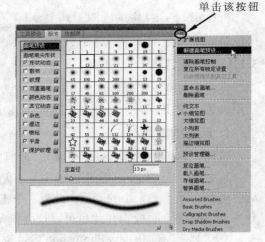

单击该按钮

图 3-5 选择"新画笔预设"命令

2）在弹出的"画笔名称"对话框（见图 3-6）中输入画笔名称，单击"确定"按钮，即可建立一个与所选画笔相同的新画笔。

3）对新建的画笔进行参数设置。具体方法：选中要设置的画笔，然后在"主直径"滑杆上拖动滑标调整画笔直径，如图 3-7 所示。

使用上述步骤建立的画笔是圆形或椭圆形的，这是平时较常用的画笔。在 Photoshop CS4 中，还可以自定义一些特殊形状的画笔。具体操作步骤如下：

1）执行菜单中的"文件 | 新建"命令，新建一个图像文件。然后利用工具箱中的 ◎（椭圆选框工具）绘制一个圆形选区，接着对其进行圆形渐变填充，如图 3-8 所示。

2）执行菜单中的"编辑|定义画笔预设"命令，在弹出的"画笔名称"对话框（见图 3-9）中输入画笔名称，单击"确定"按钮。

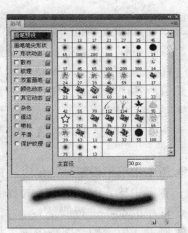

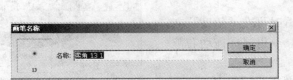

图 3-6   "画笔名称"对话框   图 3-7   调整画笔直径

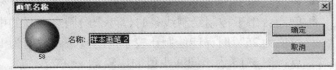

图 3-8   对圆形选区进行行圆形渐变填充   图 3-9   输入画笔名称

3）此时在"画笔"面板中会出现一个新画笔，然后对该画笔进行进一步设置，如图 3-10 所示。使用该画笔制作出的链状小球效果，如图 3-11 所示。

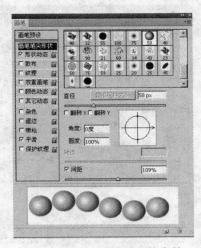

图 3-10   进一步设置画笔参数   图 3-11   链状小球效果

3．更改画笔设置

对于原有的画笔，其画笔直径、间距及硬度等都不一定符合绘画的需求，此时可以对已有的画笔进行再次设置。具体操作步骤如下：

1）选择工具箱中的 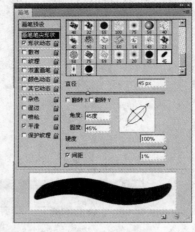（画笔工具），然后打开"画笔"面板。

2）单击面板左侧的"画笔笔尖形状"选项，如图 3-12 所示。然后在右上方选中要进行设置的画笔，在下方设置画笔的直径、角度、圆度、硬度以及间距等选项。

其中，各项参数的说明如下。

- 直径：定义画笔直径大小。设置时可在文本框中输入 1~2500 像素的数值，或直接用鼠标拖动滑杆调整。

- 角度：用于设置画笔角度。设置时可在"角度"文本框中输入 −180~180 的数值，或用鼠标拖动右侧框中的箭头进行调整。

- 圆度：用于控制椭圆形画笔长轴和短轴的比例。设置时可在"圆度"文本框中输入 0~100 的数值。

图 3-12　选择"画笔笔尖形状"选项

- 硬度：定义画笔边界的柔和程度。变化范围为 0%~100%，该值越小，画笔越柔和。

- 间距：用于控制绘制线条时，两个绘制点之间的中心距离。取值范围为 1%~1000%。数值为 25% 时，能绘制比较平滑的线条；数值为 150% 时，绘制出的是断断续续的圆点。图 3-13 为不同间距值的比较。

3）除了设置上述参数外，还可以设置画笔的其他效果。例如，选中画笔面板左侧的"纹理"复选框，可以设置画笔的纹理效果，此时面板如图 3-14 所示。此外，还可以设置"形状动态"、"散布"、"双重画笔"等效果。

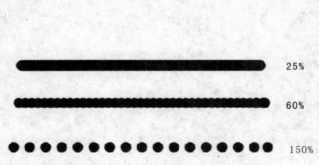

图 3-13　不同间距值的比较

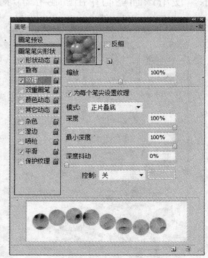

图 3-14　选中"纹理"复选框

4. 保存、载入、删除和复位画笔

建立新画笔后，还可以进行保存、载入、删除和重置画笔等操作。

（1）保存画笔

为了方便以后使用，可以将整个画笔面板的设置保存起来。具体方法：单击"画笔"面板右上角的按钮（见图 3-5），从弹出的下拉菜单中选择"存储画笔"命令，然后在弹出的"存储"对话框中输入保存的名称（见图 3-15），单击"保存"按钮即可。保存后的文件格式为 *.ABR。

（2）载入画笔

将画笔保存后，可以根据需要随时将其载入。具体方法：单击"画笔"面板右上角的按钮（见图 3-5），从弹出的下拉菜单中选择"载入画笔"命令，然后在弹出的如图 3-16 所示的"载入"对话框中选择需要载入的画笔，单击"载入"按钮即可。

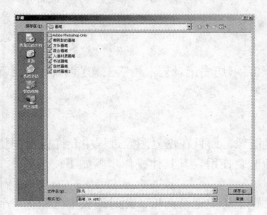

图 3-15　输入名称

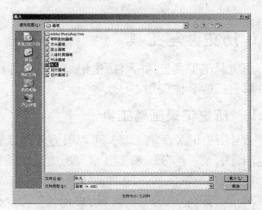

图 3-16　选择需要载入的画笔

（3）删除画笔

在 Photoshop CS4 中，可以删除多余的画笔。具体方法：在"画笔"面板中选择相应的画笔，然后单击右键，从弹出的快捷菜单中选择"删除画笔"命令。或者，将要删除的画笔拖到 ■（删除画笔）按钮上即可。

（4）复位画笔

如果要恢复"画笔"面板的默认状态，可以单击"画笔"面板右上角的按钮（见图 3-5），从弹出的下拉菜单中选择"复位画笔"命令即可。

3.1.2　铅笔工具

（铅笔工具）常用来画一些棱角突出的线条。选择工具箱中的 （铅笔工具），此时工具栏将切换到铅笔工具选项栏，如图 3-17 所示。铅笔工具的使用方法和画笔工具类似，只不过 （铅笔工具）工具栏中的画笔都是硬边的，如图 3-18 所示，因此使用铅笔绘制出来的直线或线段都是硬边的。

另外，铅笔工具还有一个特有的"自动抹掉"复选框。其作用是当它被选中后，铅笔工具即实现擦除的功能。也就是说，在与前景色颜色相同的图像区域中绘图时，会自动擦除前景色而填入背景色。

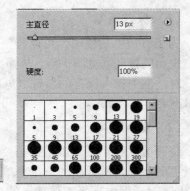

图 3-17 "铅笔工具"选项栏　　　　　　图 3-18 "铅笔工具"下拉面板

3.2 历史画笔工具

历史画笔工具包括 ![](历史记录画笔工具）和 ![](历史记录艺术画笔工具）两种，下面就来讲解它们的具体使用方法。

3.2.1 历史记录画笔工具

![](历史记录画笔工具）可以很方便地恢复图像，而且在恢复图像过程中允许自由调整恢复图像的某一部分。该工具常与历史记录面板配合使用，其具体操作步骤如下：

1）打开一幅图片，如图 3-19 所示。

2）执行菜单中的"窗口|历史记录"命令，调出历史记录面板，此时面板中已经有一个历史记录，名为"打开"，如图 3-20 所示。

图 3-19 打开图片　　　　　　　　　图 3-20 "历史记录"面板

3）选择工具箱中的 ![](渐变工具），渐变类型选择 ![](线性渐变），然后在图像工作区中从上往下进行拖动，效果如图 3-21 所示。

4）选择工具栏中的 ![](历史记录画笔工具），选择画笔模式为 ![]，然后在图像上拖动鼠标，效果如图 3-22 所示。

图 3-21　线性渐变效果

图 3-22　利用"历史记录画笔工具"处理后的效果

3.2.2　历史记录艺术画笔工具

🖌(历史记录艺术画笔工具) 也有恢复图像的功能, 其操作方法同 🖌(历史记录画笔工具) 很类似。它们的不同点在于, 🖌(历史记录画笔工具) 可以将局部图像恢复到指定的某一步操作, 而 🖌(历史记录艺术画笔工具) 则可以将局部图像按照指定的历史状态转换成手绘的效果。下面继续用刚才的实例进行讲解, 具体操作步骤如下:

1) 选择工具箱中的 🖌(历史记录艺术画笔工具), 此时工具选项栏如图 3-23 所示。

图 3-23　🖌(历史记录艺术画笔工具) 选项栏

2) 在图像工作区的四周拖动鼠标, 效果如图 3-24 所示。

3) 将选项栏的"样式"改为"紧绷卷曲长", 然后在图像工作区的四周进行拖动, 效果如图 3-25 所示。

图 3-24　选择"绷紧短"样式效果

图 3-25　选择"紧绷卷曲长"样式效果

3.3　填充工具

填充工具包括 🔲(渐变工具) 和 🪣(油漆桶工具) 两种, 下面就来讲解它们的具体使用方法。

3.3.1 渐变工具

使用 ▣(渐变工具）可以绘制出多种颜色间的逐渐混合,实质上是在图像中或图像的某一区域中添入一种具有多种颜色过渡的混合色。这个混合色可以是从前景色到背景色的过渡,也可以是前景色与透明背景间的相互过渡或者是其他颜色间的相互过渡。

渐变工具包括5种渐变类型,它们分别是 ▣(线性渐变)、▣(径向渐变)、▣(角度渐变)、▣ (对称渐变）和 ▣(菱形渐变)。图3-26为这几种渐变类型的比较。

| 线性 | 径向 | 角度 | 对称 | 菱形 |

图 3-26 渐变类型的比较

1. 使用已有的渐变色填充图像

使用已有的渐变色填充图像,其具体操作步骤如下:

1）选择工具箱中的 ▣(渐变工具),然后在选项工具栏中设置渐变参数,如图3-27所示。

2）将鼠标移到图像中,从上往下拖动鼠标,即可在图像中填入渐变颜色,如图3-28所示。

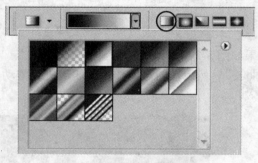

图 3-27 设置渐变参数

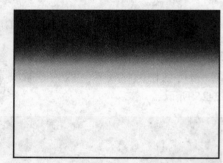

图 3-28 填入渐变色

2. 使用自定义渐变色填充图像

使用自定义渐变色填充图像的具体操作步骤如下:

1）选择工具箱中的 ▣(渐变工具),然后在选项工具栏中单击 ▣,弹出如图3-29所示的"渐变编辑器"对话框。

2）新建渐变色。单击"新建"按钮,此时在"预设"框中将多出一个渐变样式,如图3-30所示。然后选择新建的渐变色,在此基础上进行编辑。

3）在"名称"文本框中输入新建渐变的名称,然后在"渐变类型"下拉列表中选择"实底"选项。接着分别单击起点和终点颜色标志,在"色标"选项组中的"颜色"下拉列表中更改颜色。

4）将鼠标放在颜色条下方,如图3-31所示,单击一下,即可添加一个颜色滑块,然后单击该滑块调整其颜色,并调整其在颜色条上的位置,如图3-32所示。

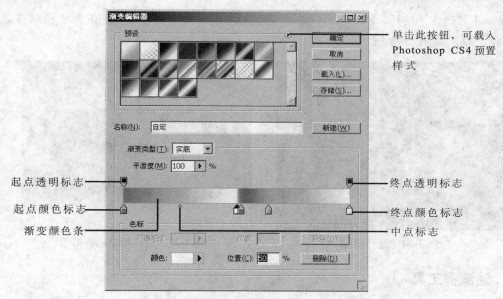

图 3-29 "渐变编辑器"对话框

单击此按钮，可载入 Photoshop CS4 预置样式

起点透明标志 — 终点透明标志
起点颜色标志 — 终点颜色标志
渐变颜色条 — 中点标志

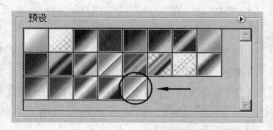

图 3-30 新建的渐变色

图 3-31 添加颜色滑块   图 3-32 调整滑块颜色

5）添加透明蒙版。在渐变颜色条上方选择起点透明标志，将其位置定为 0%，不透明度定为 100%。然后选择终点透明标志，将其位置定为 100%，不透明度定为 100%。接着在 50% 处添加一个透明标志，不透明度定为 0%，效果如图 3-33 所示。

图 3-33 设置不透明度

6）单击"确定"按钮，然后打开一幅图片，如图3-34所示；使用新建的渐变色对其进行线性填充，效果如图3-35所示。

图3-34　打开图片

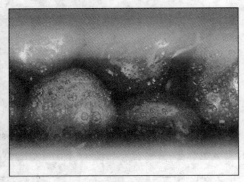

图3-35　线性填充后效果

3.3.2　油漆桶工具

(油漆桶工具)可以在图像中填充颜色，但它只对图像中颜色接近的区域进行填充。油漆桶工具类似于(魔棒工具）的功能，在填充时会先对单击处的颜色进行取样，确定要填充颜色的范围。可以说，是和填充命令功能的结合。

在使用填充颜色之前，需要先设定前景色，然后才可以在图像中单击以填充前景色。图3-36为原图，使用填充后的效果如图3-37所示。

要使油漆桶工具在填充颜色时更准确，可以在其选项工具栏中设置参数，如图3-38所示。如果在"填充"下拉列表中选择"前景"选项，则以前景色进行填充；如果选择了"图案"选项，则工具栏中的"图案"下拉列表框会被激活，从中可以选择已经定义的图像进行填充。

提示：若选中"所有图层"复选框，将在所有层中的颜色进行取样并填充。

图3-36　原图

图3-37　填充后的效果

图3-38　选择"图案"

3.4　图章工具

图章工具包括 ⬛(仿制图章工具) 和 ⬛(图案图章工具) 两种, 主要用于图像的复制, 下面就来讲解它们的具体使用方法。

3.4.1　仿制图章工具

⬛(仿制图章工具) 是一种复制图像的工具, 其原理类似于现在流行的生物克隆技术, 即在要复制的图像上取一个样点, 而后复制整个图像。其工具选项栏如图 3-39 所示, 使用 ⬛(仿制图章工具) 的具体操作步骤如下:

1) 打开一幅图片, 如图 3-40 所示。

2) 选择工具箱上的 ⬛(仿制图章工具), 按住〈Alt〉键, 此时光标变为 ⊕ 状, 在要复制的起点处单击鼠标左键, 然后松开〈Alt〉键。

3) 拖动鼠标在图像的任意位置进行复制, 效果如图 3-41 所示。

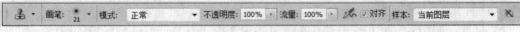

图 3-39　⬛(仿制图章工具) 选项栏

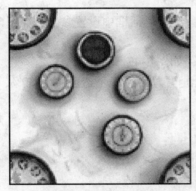

图 3-40　打开图片

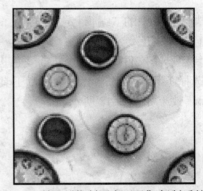

图 3-41　利用 "仿制图章工具" 复制后的效果

3.4.2　图案图章工具

⬛(图案图章工具) 是以预先定义的图案为复制对象进行复制, 可以将定义的图案复制到图像中。对于图案, 可以从图案库中选择或者自行创建, 其工具选项栏如图 3-42 所示。

图 3-42　"图案图章工具" 选项栏

单击 "图案" 下拉列表右边的小三角按钮, 将弹出 "图案" 下拉列表, 在这里可以选取已经预设的图案, 如图 3-43 所示。另外, 单击 "图案" 下拉列表右上角的 ⊙ 按钮, 可以从弹出的快捷菜单中选择 "新建图案"、"载入图案"、"存储图案"、"删除图案" 等命令, 如图 3-44 所示。

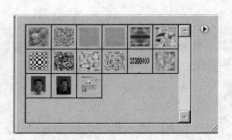

图 3-43　"图案"下拉列表　　　　　　　　图 3-44　快捷菜单

除了从图案库载入图案外，还可以从现有的图像中自定义全部或一个区域的图像。具体操作步骤如下：

1）打开一幅图片，利用工具箱中的 [·] （矩形选框工具）选取部分区域的图像，如图 3-45 所示。

2）执行菜单中的"编辑|定义图案"命令，在弹出的对话框中设置参数，如图 3-46 所示，单击"确定"按钮。

3）新建一个文件，并用线性渐变色进行填充，如图 3-47 所示。

4）选择工具箱中的 （图案图章工具），设置画笔为 ，不透明度为 80%，在图像中拖动鼠标，效果如图 3-48 所示。

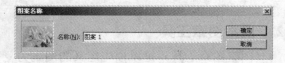

图 3-45　创建矩形选区　　　　　　　　图 3-46　输入图案名称

图 3-47　线性渐变填充效果　　　　图 3-48　利用"图案图章工具"处理后的效果

3.5　擦除工具

Photoshop CS4 的擦除工具包括 （橡皮擦工具）、（背景橡皮擦工具）和 （魔术橡皮擦工具）3 种。其中，（橡皮擦工具）和 （魔术橡皮擦工具）可用于将图像的某些区域抹成透明或背景色；（背景橡皮擦工具）可用于将图层抹成透明。下面就来讲解它们的具体使用方法。

3.5.1　橡皮擦工具

使用 （橡皮擦工具）的具体操作步骤如下：

1）打开一幅图片，如图 3-49 所示。

2）选择工具箱中的 （橡皮擦工具），设置背景色为白色，在选项工具栏中设置画笔为 ，不透明度为 100%，然后在图像中进行涂抹，效果如图 3-50 所示。

图 3-49　打开图片　　　　　　　　　　　图 3-50　用白色擦除后的效果

3）如图 3-51 所示，选中工具选项栏中的"抹到历史记录"复选框，设置不透明度为 65%，此时会发现擦除过的图像区域恢复到了开始的状态，只是图像变得透明了些，如图 3-52 所示。

图 3-51　设置擦除参数

图 3-52　调整参数后的擦除效果

3.5.2 背景橡皮擦工具

　　(背景橡皮擦工具) 可以将图像擦除到透明色。具体操作步骤如下：

　　1) 打开上一节使用的图片。

　　2) 选择工具箱上的 (背景橡皮擦工具)，设置画笔为　　，如图 3-53 所示。然后在图像中的天空区域进行涂抹，效果如图 3-54 所示。

　　提示：此时"容差"值为 50%，如果降低容差值，则会发现颜色差别较大的位置不会被擦除。

图 3-53　设置"背景橡皮擦工具"参数

图 3-54　擦除天空后效果

3.5.3 魔术橡皮擦工具

　　使用 (魔术橡皮擦工具) 在图层中单击时，该工具会自动更改所有相似的像素。如果是在背景中操作，像素会被抹为透明；如果是在其他层中操作，该层的像素会被擦掉，从而显示出背景色。其具体操作步骤如下：

图 3-55　打开图片

1）打开一幅图片，如图 3-55 所示。

2）选择工具箱上的 （魔术橡皮擦工具），设置"容差"值为 20，其它选项默认，如图 3-56 所示。然后单击图像中的天空位置，此时在临近区域内颜色相似的像素都被擦除，如图 3-57 所示。

图 3-56　设置"魔术橡皮擦工具"参数

图 3-57　擦除天空后的效果

3.6　图像的修复工具

Photoshop CS4 的图像修复工具包括 （污点修复画笔工具）、 （修复画笔工具）、 （修补工具）和 （红眼工具）4 种。

3.6.1　修复画笔工具

（修复画笔工具）可用于校正瑕疵，从而使它们消失在周围的图像中。与 （仿制图章工具）一样，使用 （修复画笔工具）可以利用图像或图案中的样本像素来绘画。但是 （修复画笔工具）还可将样本像素的纹理、光照和阴影与源像素进行匹配，从而使修复后的像素不留先前痕迹地融入图像的其余部分中。使用修复画笔工具的具体操作步骤如下：

1）打开一幅带有瑕疵的图片，如图 3-58 所示。

2）选择工具箱上的 （修复画笔工具），然后按住〈Alt〉键用鼠标选取一个取样点，如图 3-59 所示。

图 3-58　打开图片

图 3-59　选取取样点

3）在瑕疵部分拖动鼠标进行涂抹，修复后效果如图 3-60 所示。

图 3-60　修复后的效果

3.6.2　污点修复画笔工具

该工具可以使用图像或图案中的样本像素进行绘画，并将样本像素的纹理、光照、透明度和阴影与所修复的像素相匹配，其设置栏如图 3-61 所示。

图 3-61　"污点修复画笔工具"设置栏

确定样本像素有"近似匹配"和"创建纹理"两种类型。

● 选中"近似匹配"类型，如果没有为污点建立选区，则样本自动采用污点外部四周的像素；如果选中污点，则样本采用选区外围的像素。

● 选中"创建纹理"类型，则使用选区中的所有像素创建一个用于修复该区域的纹理。如果纹理不起作用，可以再次拖过该区域。

污点修复画笔工具的使用方法如下：

1）打开要修复的图片，如图 3-62 所示。

2）在工具箱中选择 （污点修复画笔工具），然后在工具选项栏中选取比要修复的区域稍大一点的画笔笔尖。

3）在要处理的苹果污点的位置单击或拖动即可去除污点，效果如图 3-63 所示。

图 3-62　要修复的图片

图 3-63　修复后的效果

3.6.3 修补工具

（修补工具）可以用其他区域或图案中的像素来修复选中的区域，同样可以将样本像素的纹理、光照和阴影与源像素进行匹配。在修复人脸部的皱纹或污点时，（修补工具）显得尤其有效。使用修补工具的具体操作步骤如下：

1）打开一幅带有瑕疵的图片，如图 3-64 所示。

2）选择工具箱中的 （修补工具），在要修补的区域中拖动鼠标，从而定义一个选区，如图 3-65 所示。

图 3-64　打开图片

图 3-65　定义要修补的选区

3）将鼠标移到选区中，按住鼠标左键拖动选区到取样区域，如图 3-66 所示。然后松开鼠标，效果如图 3-67 所示。

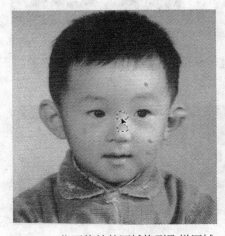

图 3-66　将要修补的区域拖到取样区域

图 3-67　修补后的效果

4）同理，对其余瑕疵进行处理，效果如图 3-68 所示。

图 3-68　对其余瑕疵进行处理后的效果

3.6.4　红眼工具

该工具可移去用闪光灯拍摄时人物照片中的红眼，也可以移去用闪光灯拍摄的动物照片中的白色或绿色反光。

红眼工具的使用方法如下：

1）打开要处理红眼的图片，如图 3-69 所示。

图 3-69　要处理红眼的图片

2）选择工具箱中的　(红眼工具)，在要处理的红眼位置进行拖动，即可去除红眼，效果如图 3-70 所示。

图 3-70　处理后的效果

3.7　图像的修饰工具

Photoshop CS4中的图像修饰工具包括　(涂抹工具)、　(模糊工具)、　(锐化工具)、　(减淡工具)、　(加深工具) 和　(海绵工具) 6 种，使用这些工具可以方便地对图像的细节进行处理，可以调整其清晰度、色调及饱和度等。

3.7.1　涂抹、模糊和锐化工具

（涂抹工具）可模拟在湿颜料中拖移手指的动作。（模糊工具）可柔化图像中的硬边缘或区域以减少细节。（锐化工具）则可聚焦软边缘，以提高清晰度或聚焦程度。

1. 涂抹工具

（涂抹工具）可拾取描边开始位置的颜色，并沿拖移的方向展开这种颜色。涂抹工具选项栏如图 3-71 所示。

图 3-71　"涂抹工具"选项栏

其中，各项参数的说明如下。

● 对所有图层取样：选中该复选框，可利用所有能够看到的图层中的颜色数据来进行涂抹。如果取消选中该复选框，则涂抹工具只使用现有图层的颜色。
● 手指绘画：选中该复选框，可以使用前景色从每一笔的起点开始向鼠标拖动的方向进行涂抹，就好像用手指蘸上颜色在未干的油墨画上涂抹一样。如果不选中此复选框，则涂抹工具使用起点处的颜色进行涂抹。

使用涂抹工具的具体操作步骤如下：

1）打开一幅需要进行涂抹处理的图片，如图 3-72 所示。

2）选择工具箱上的（涂抹工具），设置前景色为白色，强度为 50%，选中"手指绘画"复选框，然后涂抹图像左侧的葡萄，效果如图 3-73 所示。

3）返回到打开图像状态，取消选中"手指绘画"复选框，然后涂抹图像左侧的葡萄，效果如图 3-74 所示。

　　图 3-72　原图　　　图 3-73　选中"手指绘画"的效果　图 3-74　未选中"手指绘画"的效果

2. 模糊工具

（模糊工具）通过将突出的颜色分解，使僵硬的边界变得柔和，颜色过渡变得平缓，起到一种模糊图像局部的效果。模糊工具选项栏如图 3-75 所示。

图 3-75　"模糊工具"选项栏

其中，各项参数的说明如下。

- 画笔：可设置模糊的大小。
- 模式：可设置像素的混合模式，有正常、变暗、变亮、色相、饱和度、颜色和亮度7个选项可供选择。
- 强度：用来设置画笔的力度。数值越大，画出的线条色越深，也越有力。
- 对所有图层取样：选中该复选框，则将模糊应用于所有可见的图层；否则，只应用于当前图层。

使用模糊工具的具体操作步骤如下：

1）打开一幅需要进行模糊处理的图片，如图3-76所示。

2）选择工具箱中的 (模糊工具)，设置其强度为80%，然后在图像中要进行模糊处理区域拖动鼠标，效果如图3-77所示。

图3-76 模糊前的效果

图3-77 模糊后的效果

3. 锐化工具

(锐化工具) 与 (模糊工具) 相反，它是一种使图像色彩锐化的工具，也就是增大像素之间的反差。使用 (锐化工具) 可以增加图像的对比度，使图像变得更加清晰，还可以提高滤镜的性能。

(锐化工具) 的使用方法和 (模糊工具) 完全一样，而且它可以与 (模糊工具) 进行互补性的工作，但是进行过模糊操作的图像在经过锐化处理后并不能够恢复到原始状态。因为不管是模糊还是锐化，处理图像本身就是丢失图像信息的过程。图3-78为锐化前后的图像比较效果。

锐化前

锐化后

图3-78 锐化前后的图像比较效果

3.7.2 减淡、加深和海绵工具

　　（减淡工具）和（加深工具）是色调工具，使用它们可以改变图像特定区域的曝光度，使图像变暗或变亮。（海绵工具）能够非常精确地增加或减少图像区域的饱和度。

1. 减淡工具

　　（减淡工具）可以改善图像的曝光效果，因此在照片的修正处理上有它的独到之处。使用此工具可以加亮图像的某一部分，从而使其达到强调或突出表现的目的。减淡工具选项栏如图 3-79 所示。

图 3-79 "减淡工具"选项栏

　　其中，各项参数的说明如下。
- 画笔：用于选择画笔形状和大小。
- 范围：用于选择要处理的特殊色调区域。其中，包括"阴影"、"中间调"和"高光"3个选项。

　　使用减淡工具的具体操作步骤如下：

　　1）打开一幅需要进行减淡处理的图片，如图 3-80 所示。

　　2）选择工具箱中的（减淡工具），然后在需要进行减淡处理的位置进行涂抹，效果如图 3-81 所示。

图 3-80　打开原图　　　　　　　　　图 3-81　减淡后效果

2. 加深工具

　　与（减淡工具）相反，（加深工具）是通过使图像变暗来加深图像的颜色。它通常用来加深图像的阴影或对图像中有高光的部分进行暗化处理。图 3-82 为对原图进行加深前后的图像比较效果。

3. 海绵工具

　　使用（海绵工具）能够精细地改变某一区域的色彩饱和度，但对黑白图像处理的效果不是很明显。在灰度模式中，海绵工具通过将灰色色阶远离或移到中灰来增加（或降低）对比度。海绵工具选项栏如图 3-83 所示。

加深前　　　　　　　　　　　　　　　加深后

图 3-82　加深前后的效果比较

图 3-83　"海绵工具"选项栏

在"模式"下拉列表中，可以设置海绵工具是进行"去色"或"加色"。

其中，各项的功能说明如下。

● 去色：用于降低图像颜色的饱和度，一般用它来表现比较阴沉、昏暗的效果。

● 加色：用于增加图像颜色的饱和度。

图 3-84 为使用海绵工具进行去色和加色的效果比较。

原图　　　　　　　　　　去色效果　　　　　　　　　加色效果

图 3-84　使用海绵工具进行去色和加色的效果比较

3.8　实例讲解

本节我们将通过 3 个实例来对 Photoshop CS4 中的工具与绘图等知识进行具体应用，旨在于帮助读者能够举一反三，快速掌握 Photoshop CS4 中的工具与绘图的相关知识。

3.8.1　制作墨竹图效果

要点：

本例将制作一幅墨竹图，如图 3-85 所示。通过本例学习应掌握自定义笔头的创建方法，以及画笔参数的基本设置。

图 3-85　墨竹图效果

 操作步骤：

1）执行菜单中的"文件|新建"命令，在弹出的对话框中设置参数，如图 3-86 所示，然后单击"确定"按钮，从而新建一个文件。

2）选择工具箱上的 ✍（画笔工具），在画笔工具栏的最右边单击 ▣（切换画笔调板)按钮，弹出如图 3-87 所示的对话框。

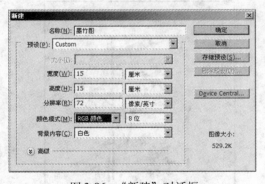

图 3-86　"新建"对话框

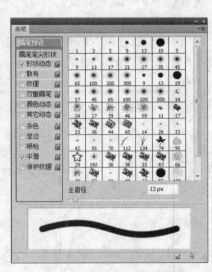

图 3-87　画笔预设面板

3）在弹出的对话框中，分别选择"形状动态"和"颜色动态"选项，其参数设置分别如图 3-88 和图 3-89 所示。

4）单击画笔设置框右上角的 ▣按钮，在弹出的下拉菜单中选择"新建画笔预设"命令，然后在弹出的对话框中将其命名为"竹叶"，如图 3-90 所示。

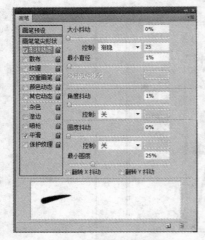 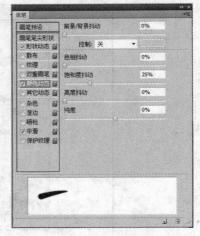

图 3-88　设置动态画笔　　　　　图 3-89　设置动态颜色

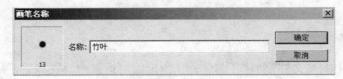

图 3-90　输入名称

5）新建"图层 2"，选择 17 号画笔，并且选中画笔工具栏的 ⚟ 按钮。然后在画面上画竹竿。接着选中 9 号画笔或者更小号的画笔，并且选中画笔工具栏的 ⚟ 按钮，在画面上画细竹枝，效果如图 3-91 所示。

6）新建"图层 3"，改变画笔为刚刚设置好的"竹叶"画笔，改变前景色为黑色，从而完成竹叶层的设置，效果如图 3-92 所示。

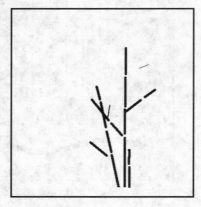 

图 3-91　绘制枝干　　　　　　　图 3-92　绘制竹叶

7）新建"图层 4"，选择工具箱上的 ▣ （矩形选框工具），在竹子周围绘制矩形框，接着执行菜单中的"编辑|描边"命令，对其进行描边处理。同理，描出另一个外框，效果如图 3-93所示。

提示：两个外框要使用不同的描边宽度。

8）选择工具箱上的 T（横排文字工具），输入文字"墨竹图"，最终效果如图 3-94 所示。

图 3-93　制作外框

图 3-94　最终效果

3.8.2　制作彩虹效果

要点：

本例将制作天空中的彩虹效果，如图 3-95 所示。通过本例的学习，应掌握渐变工具和图层混合模式的应用。

原图

结果图

图 3-95　彩虹效果

操作步骤：

1）打开配套光盘中的"随书素材及结果\3.8.2 制作彩虹效果\原图.tif"文件，如图 3-95 所示。

2）选择工具箱上的 ▣（渐变工具），打开渐变编辑器，设置渐变颜色如图 3-96 所示，单击"确定"按钮。

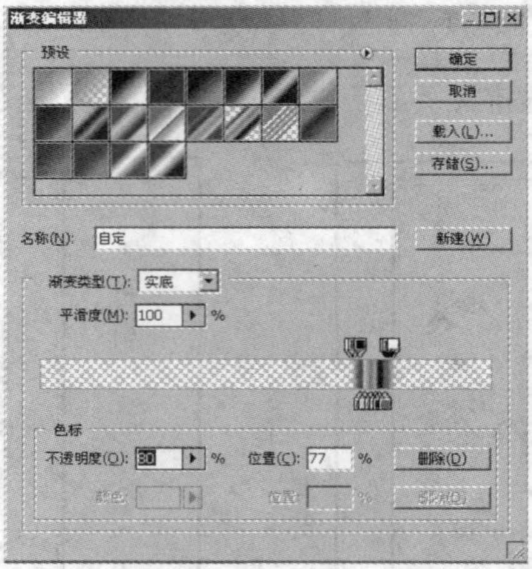

图 3-96　设置渐变色

3）新建“图层 1”，将图层混合模式设为“滤色”模式。然后选择 (径向渐变) 类型，以图片下部为中心点画出径向渐变。接着使用 (移动工具) 将彩虹移动到合适的位置，效果如图 3-97 所示。

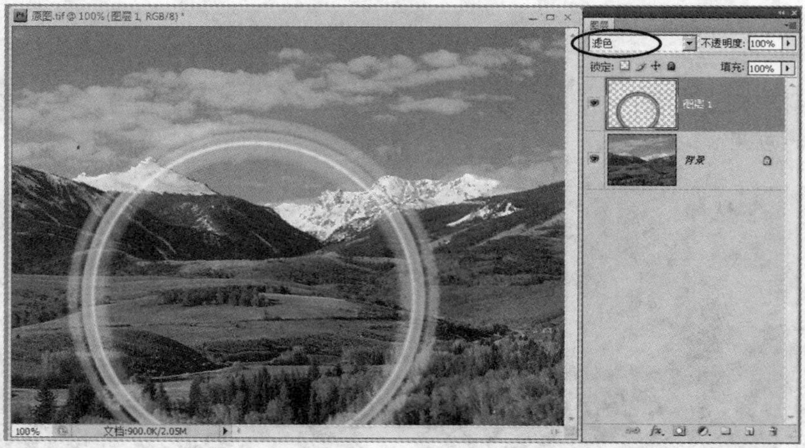

图 3-97　径向渐变效果

4）确认当前图层为背景图层。然后选择工具箱上的 (魔棒工具)，容差值设置为30，并选中“连续”复选框，接着配合键盘上的〈Shift〉键，选取蓝天选区。

5）执行菜单中的“选择 | 反向”命令（快捷键〈Ctrl+Shift+I〉），创建蓝天以外的选区。然后选择“图层 1”，按〈Delete〉键删除选区中的对象，效果如图 3-98 所示。

6）按快捷键〈Ctrl+D〉，取消选区。

7）此时彩虹过于清晰，下面通过高斯模糊来解决这个问题。具体方法：执行菜单中的“滤镜 | 模糊 | 高斯模糊”命令，在弹出的对话框中设置参数，如图 3-99 所示，然后单击“确定”按钮，效果如图 3-100 所示。

图 3-98　删除天空以外的彩虹

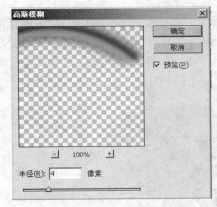

图 3-99　设置高斯模糊参数

图 3-100　模糊后的效果

3.8.3　旧画报图像修复效果

 要点：

本例将制作旧画报图像修复效果，如图 3-101 所示。通过本例学习应掌握 🔲（单列选框工具）和 🔳（仿制图章工具）的综合应用。

 操作步骤：

1）打开配套光盘中的"随书素材及结果\3.8.3 旧画报图像修复效果\原图.tif"文件，如图 3-101 所示。这是一张较残破的二次原稿（杂志）图片，边缘有明显的撕裂和破损的痕迹，图中有极细的、规则的白色划痕，图像右下部有隐约可见的脏点，我们需要将图像中所有影响表现质量的部分都去除，最后恢复图像的本来面目。

原图   结果图

图 3-101　旧画报图像修复效果

2）对于图像中常见的细小划痕或者文件损坏时形成的贯穿于图像的细划线，可以采取单像素的方法来进行修复。具体方法：放大图中的白色划线部分，因为划线极细，所以要尽量放大来进行准确修复。选取工具箱中的 [ ]（单列选框工具），它可以制作纵向单像素宽度的矩形选区，用它在紧挨着白色划线的位置处单击，设置一个单列矩形，如图 3-102 所示。

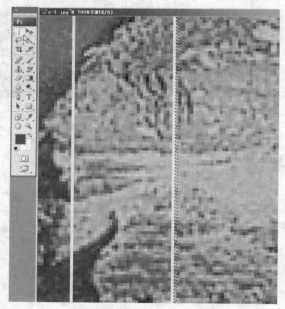

图 3-102　在紧挨着白色划线的位置设置一个单列矩形

3）选择工具箱中的 [ ]（移动工具），按住键盘上的〈Alt〉键不松开，按"←"键一次，此时会发现白色细划线已消失了，如图 3-103 所示。这种去除细线的方式仅用于快速去除 1～2像素宽的极细划线，对于不是在水平（或垂直）方向上的或是不连续的划线，可以用工具箱

中的 ⬛(仿制图章工具) 来进行修复。用同样的方法，将图像中其余几根白色划线都去除，效果如图 3-104 所示。

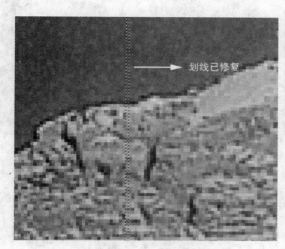

图3-103　白色细划线已消失了

图3-104　图像中所有白色细划线都被去除

　　4）图片中局部所存在的撕裂痕迹及破损比单纯的划痕要难以修复，因为裂痕波及较大的区域，破损部分需要凭借想象来弥补，所以在修复时必须对原图中被破坏处的内容进行详细分析。我们知道，其实修图的主要原理是一种复制原理，即通过选取图像中最合理的像素，对需要修复的位置进行填补与覆盖。具体方法：选取 ⬛(仿制图章工具) 将图像局部损坏部分放大，以便于进行仔细修复，再将光标放在要取样的图像位置上，按住〈Alt〉键单击，然后松开〈Alt〉键移动鼠标，可将以取样点为中心（以小十字图标显示）的图像复制到新的位置上，从而将破损的部位覆盖，如图 3-105 所示。

图 3-105　应用仿制图章工具修复破损部分

　　5）不断变换取样点，灵活地对图像进行修复。对于天空等大面积的蓝色区域，可以换较大一些的笔刷来进行修复，还可以根据具体需要改变笔刷的"不透明度"设置，如图 3-106 所示。其图像上部修复完成后的效果如图 3-107 所示。

图 3-106　天空等区域换较大笔刷进行修复

图 3-107　　图像上部修复完成后的效果

　　6）将图中其余部分的脏点去除的方法与上一步骤相似，此处不再讲述，但修复时要注意小心谨慎，不能在图中留下明显笔触（或涂抹）的痕迹，如图 3-108 所示。最后，修复完成的图像如图 3-109 所示。

图 3-108　修复细节

图 3-109　　最后效果图

3.9　课后练习

1. 填空题

　　（1）_____是一种复制图像的工具，原理类似克隆操作。

　　（2）"_____"与"加深工具"相反，它通过使图像变暗来加深图像的颜色。

　　（3）使用_____工具，能精细地改变某一区域的色彩饱和度，但对黑白图像处理的效果不是很明显。

2. 选择题

(1) 可以改善图像的曝光效果，加亮图像某一部分的工具是 ____ 工具。

　　A.模糊　　　　　B.减淡　　　　　C.锐化　　　　　D.涂抹

(2) 渐变工具提供了 5 种渐变类型，分别是线性渐变、_____、角度渐变、对称渐变和
_____。

　　A.径向渐变、矩形渐变　　　　　　B.径向渐变、菱形渐变

　　C.放射形渐变、菱形渐变　　　　　D.以上都不对

(3) 使用背景橡皮擦工具擦除图像后，其背景色将变为 _____。

　　A.透明色　　　B.白色　　　C.与当前所设的背景色颜色相同　　　D.以上都不对

3. 问答题

(1) 图章工具有哪几种类型？它们的功能是什么？

(2) 擦除工具有哪几种类型？它们的功能是什么？

(3) 历史记录画笔工具的主要特点是什么？

4. 操作题

(1) 练习 1：利用 ▧（历史记录画笔工具），将图 3-110 处理成如图 3-111 所示的效果。

　　　图 3-110　　原图　　　　　　　　　　　图 3-111　　结果图

　　(2) 练习 2：利用 ▧（仿制图章工具）和"仿制源"面板，将图 3-112 处理成如图 3-113
所示的效果。

　　　图 3-112　　原图　　　　　　　　　　图 3-113　　结果图

第 4 章　图层的使用

本章重点

图层是 Photoshop CS4 的一大特色。使用图层可以很方便地修改图像、简化图像编辑操作，还可以创建各种图层特效，从而制作出各种特殊效果。通过本章学习应掌握图层的使用方法。

本章内容包括：

- 图层的概述
- 图层类型
- 图层的操作
- 图层蒙版
- 图层样式
- 混合图层

4.1　图层概述

"图层"是由英文单词"Layer"翻译而来，"Layer"的原意是"层"。在 Photoshop CS4 中，可以将图像的不同部分分层存放，并由所有的图层组合成复合图像。

对于一幅包含多图层的图像，可以将其形象地理解为叠放在一起的胶片。假设有 3 张胶片，其图案分别为森林、豹子、羚羊。现在将森林胶片放在最下面，此时看到的是一片森林；然后将豹子胶片叠放在上面后，看到的是豹子在森林中奔跑；接着将羚羊胶片叠放上去，看到的是豹子正在森林中追赶羚羊。

多图层图像的最大优点是可以对某个图层作单独处理，而不会影响到图像中的其他图层。假定要移动图 4-1 中的小鸟，如果这幅图中只有一个图层，小鸟移动后，原来的位置会变为透明效果，如图 4-2 所示；如果小鸟与背景分别在两个图层上，就可以随意将小鸟移动到任何位置，原位置处的背景会显示出来，如图 4-3 所示。

图 4-1　原图　　　　图 4-2　单图层移动后效果　　　图 4-3　多图层移动后效果

4.2 图层面板和菜单

图层面板是进行图层编辑操作时必不可少的工具，它显示了当前图像的图层信息，从中可以调节图层叠放顺序、图层不透明度及图层混合模式等参数。几乎所有图层操作都可通过它来实现。而对于常用的控制（比如拼合图像、合并可见图层等），可以通过图层菜单来实现，这样可以大大提高工作效率。

4.2.1 图层面板

执行菜单中的"窗口|图层"命令，调出图层面板，如图 4-4 所示。可以看出，各个图层在面板中依次自下而上排列，最先创建的图层在最底层，最后创建的图层在最上层，最上层图像不会被任何层所遮盖，而最底层的图像将被其上面的图层所遮盖。

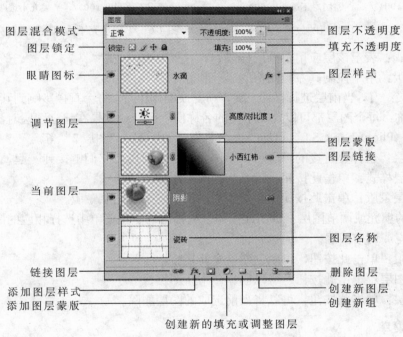

图 4-4 图层面板

其中，各项功能的说明如下。

● 图层混合模式：用于设置图层间的混合模式。

● 图层锁定：用于控制当前图层的锁定状态，具体参见"4.4.4 图层的锁定"。

● 眼睛图标：用于显示或隐藏图层，当不显示眼睛图标时，表示这一层中的图像被隐藏；反之，表示显示这个图层中的图像。

● 调节图层：用于控制该层下面所有图层的相应参数，而执行菜单中的"图像|调整"下的相应命令只能控制当前图层的参数，并且调节图层具有可以随时调整参数的优点。

● 当前图层：在面板中以蓝色显示的图层。一幅图像只有一个当前图层，绝大部分"编辑"命令只对当前图层起作用。

- 图层不透明度：用于设置图层的总体不透明度。当切换到当前图层时，不透明度显示也会随之切换为当前所选图层的设置值。图 4-5 为不同不透明度数值的效果比较。
- 填充不透明度：用于设置图层内容的不透明度。图 4-6 为不同填充不透明度数值的效果比较。

图层不透明度 100%　　　　图层不透明度 50%　　　　填充不透明度 100%　　　填充不透明度 0%

图 4-5　不同不透明度数值的效果比较　　　　图 4-6　　不同填充不透明度数值的效果比较

- 图层样式：表示该层应用了图层样式。
- 图层蒙版：用于控制其左侧图像的显现和隐藏。
- 图层链接：当对当前层进行移动、旋转和变换等操作时，将会直接影响到其他链接层。
- 图层名称：每个图层都可以定义不同的名称便于区分，如果在建立图层时没有设定图层名称，Photoshop CS4 会自动一次命名为"图层 1"、"图层 2"等。
- 链接图层：选择要链接的图层后，单击此按钮，可以将它们链接到一起。
- 添加图层样式：单击此按钮，可以为当前层添加图层样式。
- 添加图层蒙版：单击此按钮，可以为当前层创建一个图层蒙版。
- 创建新的填充或调节图层：单击此按钮，从弹出的下拉菜单中选择相应的命令，用来创建填充或调节图层。
- 创建新组：单击此按钮，可以创建一个新组。
- 创建新图层：单击此按钮，可以创建一个新图层。
- 删除图层：单击此按钮，可以将当前选取的图层删除。

4.2.2　图层菜单

图层菜单的外观如图 4-7 所示。单击图层面板右上角的三角按钮，打开的下拉菜单如图 4-8 所示。这两个菜单中的内容基本相似，只是两者侧重略有不同，前者偏向控制层与层之间的关系，而后者则侧重设置特定层的属性。

除了使用图层菜单和图层面板菜单以外，还可以使用下拉菜单完成图层操作。当右键单击图层面板中的不同图层或不同位置时，会发现能够打开许多个含有不同命令的快捷菜单，如图 4-9 所示。利用这些快捷菜单，可以快速、准确地完成图层操作。这些操作的功能和前面所述的"图层"菜单和"图层"面板菜单的功能是一致的。

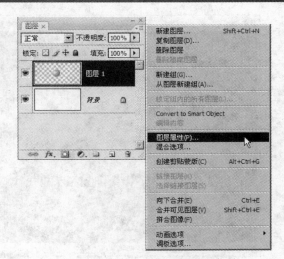

图 4-7　图层菜单　　　　　　　　　　图 4-8　图层面板弹出菜单

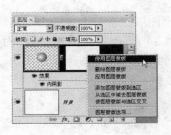

在蒙版处单击右键　　　　　在图层名称处单击右键　　　　右键单击图层样式图标

图 4-9　不同命令的快捷菜单

4.3　图层的类型

Photoshop CS4 中有多种类型的图层，例如文本图层、调节图层、形状图层等。不同类型的图层，有着不同的特点和功能，而且操作和使用方法也不尽相同。下面就来具体讲解这些图层类型。

4.3.1　普通图层

普通图层是指用一般方法建立的图层，它是一种最常用的图层，而且几乎所有的 Photoshop CS4 的功能都可以在这种图层上得到应用。普通图层可以通过图层混合模式实现与其他图层的融合。

建立普通图层的方法很多，下面就来介绍常见的两种方法。

方法一：在图层面板中单击 （创建新图层）按钮，从而建立一个普通图层，如图 4-10 所示。

图4-10　建立一个普通图层

方法二：执行菜单中的"图层|新建|图层"命令或单击图层面板右上角的小三角，从弹出的下拉菜单中选择"新建图层"命令，此时会弹出如图4-11所示的"新建图层"对话框。在该对话框中，可以对图层的名称、颜色、模式等参数进行设置，单击"确定"按钮，即可新建一个普通图层。

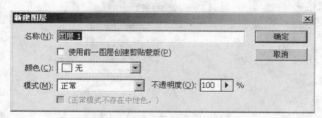

图4-11　"新建图层"对话框

4.3.2　背景图层

背景图层是一种不透明的图层，用做图像的背景。在该层上不能应用任何类型的混合模式，也不能改变其不透明度。下面打开配套光盘中的"随书素材及结果\扶桑.jpg"文件，会发现在背景图层右侧有一个 ⌂ 图标，表示当前图层是锁定的，如图4-12所示。

背景图层具有以下特点：

● 背景图层位于图层面板的最底层，名称以斜体字"背景"命名。

● 背景层默认为锁定状态。

● 背景图层不能进行图层不透明度、图层混合模式和图层填充颜色的控制。

如果要更改背景图层的不透明度和图层混合模式，应先将其转换为普通图层。将背景图层转换为普通图层的具体操作步骤如下：

1）双击背景层，或选择背景层并执行菜单中的"图层|新建|背景图层"命令。

2）在弹出的如图4-11所示的"新建图层"对话框中，设置图层名称、颜色、不透明度、模式后，单击"确定"按钮，即可将其转换为普通图层，如图4-13所示。

图 4-12　背景层为锁定状态

图 4-13　将背景层转换为普通图层

4.3.3　调整图层

调整图层是一种比较特殊的图层。这种类型的图层主要用来控制色调和色彩的调整。也就是说，Photoshop CS4 会将色调和色彩的设置（如色阶、曲线）转换为一个调整图层并单独存放到文件中，以便于修改其设置，但不会永久性地改变原始图像，从而保留了图像修改的弹性。

建立调整图层的具体操作步骤如下：

1）打开配套光盘中的"随书素材及结果\小鸟.jpg"文件。

2）单击图层面板下方的　（创建新的填充或调节图层）按钮，如图 4-14 所示；从弹出的下拉菜单中选择相应的色调或色彩调整命令（此时选择"色阶"），如图 4-15 所示。

图 4-14　原图

图 4-15　"创建新的填充或调节图层"下拉菜单

3）在弹出的"调整"面板中设置参数，如图 4-16 所示，效果如图 4-17 所示。其中，"色阶 1"为调整图层。

提示：调整图层对其下方的所有图层都起作用，而对其上方的图层不起作用。如果不想对调整图层下方的所有图层起作用，可以将调整图层与在其上方的图层编组。

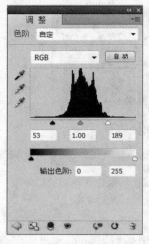

图 4-16 设置"色阶"参数

图 4-17 调整色阶后的效果

4.3.4 文本图层

文本图层是使用 T (横排文字工具) 和 IT (直排文字工具) 建立的图层。创建文本图层的具体操作步骤如下:

1) 打开配套光盘中的"随书素材及结果\仙人掌.jpg"文件,利用工具箱上的 T (横排文字工具) 输入文字"仙人掌",此时自动产生一个文本图层,如图 4-18 所示。

图 4-18 输入文字后的效果

2) 如果要将文本图层转换为普通图层,可以执行菜单中的"图层|栅格化|文字"命令,此时图层分布如图 4-19 所示。

3) 执行菜单中的"编辑|变换|透视"命令,对栅格化的图层进行处理,效果如图 4-20 所示。

　　提示:在文字图层上只能执行"变换"命令中的"缩放"、"旋转"、"斜切"、"变形"操作,而不能执行"扭曲"和"透视"操作。只有将其栅格化后,才能执行这两个操作。

图 4-19 栅格化文字

图 4-20 对文字进行透视处理

4.3.5 填充图层

填充图层可以在当前图层中进行"纯色"、"渐变"和"图案"3 种类型的填充,并结合图层蒙版的功能产生一种遮罩效果。

建立填充图层的具体操作步骤如下:

1)新建一个文件,然后新建一个图层。

2)选择工具箱上的 ⬚ (横排文字蒙版工具),然后在新建图层上输入"Adobe",效果如图 4-21 所示。

图 4-21 创建文字蒙版区域

3)单击图层面板下方的 ⬭ (创建新的填充或调整图层)按钮,从弹出的下拉菜单中选择"纯色"命令,然后在弹出的"拾色器"对话框中选择一种颜色,单击"确定"按钮,效果如图 4-22 所示。

4)回到第 1 步,单击图层面板下方的 ⬭ (创建新的填充或调整图层)按钮,然后从弹出的下拉菜单中选择"渐变"命令,接着在弹出的"渐变填充"对话框中选择一种渐变色,如图 4-23 所示,单击"确定"按钮,效果如图 4-24 所示。

5)回到第 1 步,单击图层面板下方的 ⬭ (创建新的填充或调整图层)按钮,然后从弹出的下拉菜单中选择"图案"命令,接着在弹出的"图案填充"对话框中选择一种图案,如图 4-25 所示,单击"确定"按钮,效果如图 4-26 所示。

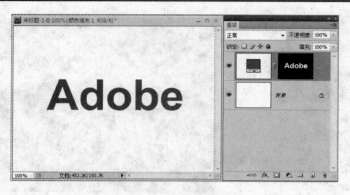

图 4-22　创建纯色填充图层

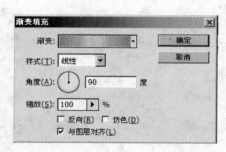

图 4-23　设置渐变填充参数

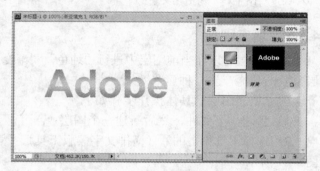

图 4-24　创建渐变填充图层

图 4-25　设置图案填充参数

图 4-26　创建图案填充图层

4.3.6　形状图层

当使用工具箱中的 □(矩形工具)、□(圆角矩形工具)、●(椭圆工具)、●(多边形工具)、\
(直线工具)、 (自定形状工具) 6 种形状工具在图像中绘制图形，并激活工具选项栏上如图
4-27 所示的 □(形状图层) 按钮时，就会在图层面板中自动产生一个形状图层，如图 4-28 所
示。

图 4-27　激活"形状图层"按钮

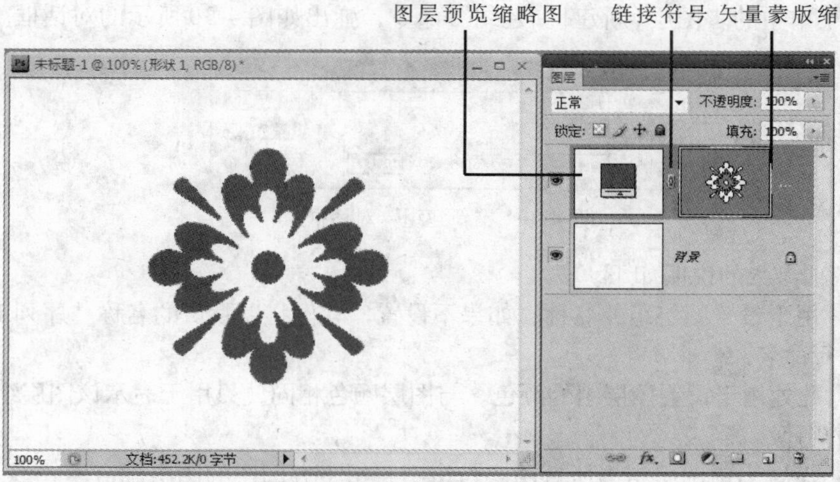

图层预览缩略图　　链接符号　矢量蒙版缩略图

图 4-28　形状图层

　　形状图层和填充图层很相似，在图层面板中均有一个图层预览缩略图、矢量蒙版缩略图和一个链接符号。其中，矢量蒙版表示在路径以外的部分显示为透明，在路径以内的部分显示为图层预览缩览图中的颜色。

4.4　图层的操作

　　一般而言，一个好的平面作品需要经过许多操作步骤才能完成，特别是图层的相关操作尤其重要。因为一个综合性的设计往往由多个图层组成，并且用户需要对这些图层进行多次编辑（比如，调整图层的叠放次序、图层的链接与合并等）后，才能得到好的效果。

4.4.1　创建和使用图层组

　　Photoshop CS4 允许在一幅图像中创建将近 8000 个图层，实际上，在一个图像中创建了数十个或上百个图层后，对图层的管理就变得很困难了。此时可以利用"图层组"来进行图层管理，图层组就好比 Windows 中的文件夹一样，可以将多个图层放在一个图层组中。

　　创建和使用图层组的具体操作步骤如下：

　　1）打开配套光盘中的"随书素材及结果 \ 西红柿.psd"文件，如图 4-29 所示。

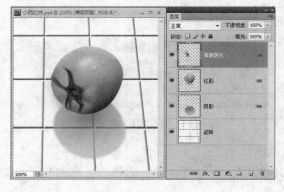

图 4-29　打开图片

2）执行菜单中的"图层 | 新建 | 新建组"命令，弹出如图 4-30 所示的对话框。

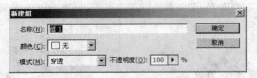

图 4-30　"新建组"对话框

其中，各项参数的说明如下。

- 名称：用于设置图层组的名称。如果不设置，软件将以默认的名称"序列 1"、"序列 2"进行命名。
- 颜色：此处用于设置图层组的颜色。与图层颜色相同，只用于表示该图层组，不影响组中的图像。
- 模式：设置当前图层组内所有图层与该图层组下方图层的图层混合模式。

3）单击"确定"按钮，即可新建一个图层组，如图 4-31 所示。

4）将"蒂部阴影"、"红影"和"阴影"拖入组内，效果如图 4-32 所示。

 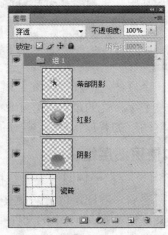

图 4-31　新建组　　　　　　　图 4-32　将图层拖入图层组

5）如果要删除图层组，可以右键单击图层组，从弹出的快捷菜单中选择"删除组"命令，弹出如图 4-33 所示的对话框。

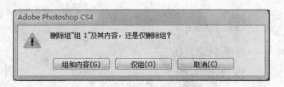

图 4-33　"删除组"提示对话框

其中，各项参数的说明如下。

- 组和内容：单击该按钮，可以将该图层组和图层组中的所有图层。

● 仅组：单击该按钮，可以删除图层组，但保留图层组中的图层。

6）单击"仅组"按钮，即可删除组而保留组中的图层。

4.4.2 移动、复制和删除图层

实际上，一个图层就是整个图像中的一部分。在实际操作中，经常需要移动、复制和删除图层。下面就来讲解移动、复制和删除图层的方法。

1. 移动图层

移动图层的具体操作步骤如下：

1）选择需要移动的图层中的图像。

2）利用工具箱上的 （移动工具）将其移动到适当位置。

提示：在移动工具选项栏中，选中"自动选择层"复选框，可直接选中层的图像。在移动时按住键盘上的〈Shift〉键，可以使图层中的图像按 45°的倍数方向移动。

2. 复制图层

复制图层的具体操作步骤如下：

1）选择要复制的图层。

2）执行菜单中的"图层 | 复制图层"命令，弹出如图 4-34 所示的对话框。

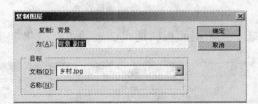

图 4-34 "复制图层"对话框

其中，各项参数的说明如下。

● 为：用于设置复制后图层的名称

● 目标：为复制后的图层指定一个目标文件。在"文档"下拉列表中会列出当前已打开的所有图像文件，从中可以选择一个文件以便放置复制后的图层。如果选择"新建"选项，表示复制图层到一个新建的图像文件中。此时"名称"将被置亮，可以为新建图像指定一个文件名称。

3）单击"确定"按钮，即可复制出一个图层。

提示：将要复制的图层拖到图层面板下方的 ⬜（创建新图层）按钮上，可以直接复制一个图层，而不会出现对话框。

3. 删除图层

删除图层的具体操作步骤如下：

1）选中要删除的图层。

2）将其拖到图层面板下方的 🗑（删除图层）按钮上即可。

4.4.3　调整图层的叠放次序

图像一般由多个图层组成，而图层的叠放次序直接影响到图像的显示效果，上方的图层总是会遮盖其底层的图像。因此，在编辑图像时，可以调整图层之间的叠放次序来实现最终效果。其具体操作步骤如下：

1）将光标移动到图层面板需要调整次序的图层（此时为图层 2）上，如图 4-35 所示。

图 4-35　选择要调整次序的图层

2）按下鼠标，将图层拖动到图层面板的适当位置即可，效果如图 4-36 所示。

图 4-36　调整图层顺序后的效果

4.4.4　图层的锁定

Photoshop CS4 提供了锁定图层的功能，它包括 ▣（锁定透明像素）、✍（锁定图像像素）、✛（锁定位置）和 🔒（全部锁定）4 种锁定类型。具体说明如下：

- （锁定透明像素）：单击该按钮，可以锁定图层中的透明部分，此时只能对有像素的部分进行编辑。
- （锁定图像像素）：单击该按钮，此时无论是透明部分还使图像部分，都不允许再进行编辑。
- （锁定位置）：单击该按钮，此时当前图层将不能进行移动操作。
- （全部锁定）：单击该按钮，将完全锁定该图层。任何绘图操作、编辑操作（包括"删除图层"、"图层混合模式"、"不透明度"等功能）均不能在这个图层上使用，只能在图层面板中调整该图层的叠放次序。

4.4.5　图层的链接与合并

在实际操作中，经常要用到图层的链接与合并功能，下面就来具体讲解图层链接与图层合并的方法。

1. 图层的链接

图层的链接功能可以方便地移动多个图层图像，同时对多个图层中的图像进行旋转、翻转和自由变形，以及对不相邻的图层进行合并。

图层链接的具体操作步骤如下：

1）同时选中要链接的多个图层。

2）单击图层面板下方的 （链接图层）按钮即可。此时，被链接的图层右侧会出现一个 标记。

3）如果要解除链接，选择要解除链接的图层，再次单击图层面板下方的 （链接图层）按钮即可。

2. 图层的合并

在制作图像的过程中，如果对几个图层的相对位置和显示关系已经确定，不再需要进行修改时，可以将这几个图层合并。这样不但可以节约空间、提高程序的运行速度，还可以整体的修改这几个合并后的图层。

Photoshop CS4 提供了"向下合并"、"合并可见图层"和"拼合图层"3 种图层合并的命令。单击图层面板右上角的小三角，从弹出的下拉菜单中可以看到以下 3 个命令，如图 4-37 所示。

- 向下合并：将当前图层与其下一图层图像合并，其他图层保持不变。合并图层时，需要将当前图层下的图层设为可视状态。
- 合并可见图层：将图像中的所有显示的图层合并，而隐藏的图层则保持不变。
- 拼合图像：将图像中所有图层合并，在合并过程中如果存在隐藏的图层，会弹出如图 4-38 所示的对话框，单击"确定"按钮，即可删除隐藏图层。

4.4.6　对齐和分布图层

Photoshop CS4 提供了对齐和分布图层的相关命令，下面就来具体讲解对齐和分布图层的方法。

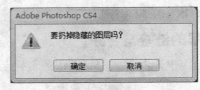

图 4-37　合并图层相关命令　　　　　图 4-38　含有隐藏图层的情况下合并图层弹出的对话框

1. 对齐图层

对齐图层命令可将各图层沿直线对齐，使用时必须有两个以上的图层，对齐图层的具体操作步骤如下：

1）打开配套光盘中的"随书素材及结果 \ 对齐图层.psd"文件，并在每个图层上放置不同的图形，如图 4-39 所示。

2）按住键盘上的〈Ctrl〉键，同时选中"图层 1"、"图层 2"和"图层 3"。然后执行菜单中的"图层 | 对齐"命令，在其子菜单中会显示所有对齐命令，如图 4-40 所示。

图 4-39　在不同图层上放置不同的图形　　　　　图 4-40　对齐子菜单

其中，各项参数的说明如下。

● 顶边：使选中图层与顶端的图形对齐。

● 垂直居中：使选中图层垂直方向居中对齐。

● 底边：使选中图层与底端的图形对齐。

● 左边：使选中图层最左端的图形对齐。

● 水平居中：使选中图层水平方向居中对齐。

● 右边：使选中图层最右端的图形对齐。

3）分别选择 （底边）和 （左边）对齐方式，效果如图 4-41 所示。

底边对齐　　　　　　　　　　　　　　　　左边对齐

图 4-41　不同对齐方式的效果

2. 分布图层

分布图层是根据不同图层上图形间的间距来进行图层分布，其具体操作步骤如下：

1）打开配套光盘中的"随书素材及结果\分布图层.psd"文件，如图 4-42 所示。

2）按住键盘上的〈Ctrl〉键，同时选中"图层 1"、"图层 2"和"图层 3"。然后执行菜单中的"图层|分布"命令，在其子菜单中会显示所有分布命令，如图 4-43 所示。

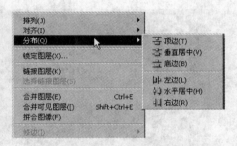

图 4-42　同时选中多个图层　　　　　　　图 4-43　分布子菜单

其中，各项参数的说明如下。

● 顶边：使选中图层顶端间距相同。

● 垂直居中：使选中图层垂直中心线间距相同。

● 底边：使选中图层底端间距相同。

● 左边：使选中图层最左端的间距相同。

● 水平居中：使选中图层水平中心线间距相同。

● 右边：使选中图层最右端的间距相同。

3）单击 （垂直居中）按钮，效果如图 4-44 所示。然后单击 （水平居中）按钮，效果如图 4-45 所示。

4.4.7　图层蒙版

图层蒙版用于控制当前图层的显示或者隐藏。通过更改蒙版，可以将许多特殊效果运用到图层中，而不会影响原图像上的像素。图层上的蒙版相当于一个 8 位灰阶的 Alpha 通道。在蒙版中，黑色部分表示隐藏当前图层的图像，白色部分表示显示当前图层的图像，灰色部分表示渐隐渐显当前图层的图像。

图4-44　垂直居中效果

图4-45　水平居中效果

1. 建立图层蒙版

建立图层蒙版的具体操作步骤如下：

1）打开配套光盘中的"随书素材及结果\图层蒙版1.jpg"和"图层蒙版2.jpg"文件，如图4-46所示。

图层蒙版1.jpg

图层蒙版2.jpg

图4-46　打开图片

2）利用工具箱中的 （移动工具），将"图层蒙版1.jpg"拖入"图层蒙版2.jpg"中，效果如图4-47所示。

3）单击图层面板下方的 （添加图层蒙版）按钮，给"图层1"添加一个图层蒙版，如图4-48所示。此时蒙版为白色，表示全部显示当前图层的图像。

4）利用工具箱上的 （渐变工具），渐变类型选择 （线性渐变），然后对蒙版进行黑-白渐变处理，效果如图4-49所示。此时蒙版右侧为黑色，左侧为白色。"图层1"的右侧会隐藏当前图层的图像，从而显示出背景中的图像；而左侧依然会显现当前图层的图像，而灰色部分会渐隐渐显当前图层的图像。

图 4-47 将"图层蒙版 1.jpg"拖入"图层蒙版 2.jpg"中

图 4-48 给"图层 1"添加蒙版

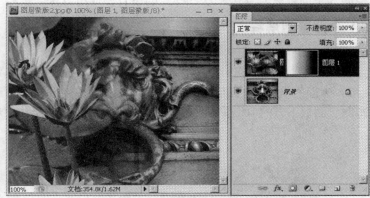

图 4-49 对蒙版进行黑-白渐变处理

2. 删除图层蒙版

删除图层蒙版的具体操作步骤如下：

1）选择要删除的蒙版，将其拖到图层面板下方的 🗑 按钮上。

2）此时会弹出如图 4-50 所示的对话框。如果单击"应用"按钮，蒙版被删除，而蒙版后的效果被保留在图层中，如图 4-51 所示；如果单击"删除"按钮，蒙版被删除的同时蒙版效果也随着被删除，如图 4-52 所示。

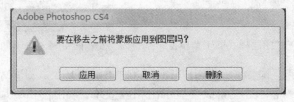

图 4-50 删除蒙版时弹出的对话框

图 4-51　单击"应用"按钮后删除蒙版

图 4-52　单击"删除"按钮后删除蒙版

4.5　图层样式

图层样式是指图层中的一些特殊的修饰效果。Photoshop CS4 提供了"阴影"、"内发光"、"外发光"、"斜面与浮雕"等样式。通过这些样式不仅能为作品增色不少，而且还可以节省不少空间。下面就来具体讲解这些样式的设置和使用方法。

4.5.1　设置图层样式

设置图层样式的具体操作步骤如下：

1）选中要应用样式的图层。

2）执行菜单中的"图层|图层样式"命令（见图 4-53），在子菜单中选择一种样式命令，或单击图层面板下方的 *fx* (添加图层样式) 按钮，在弹出的下拉菜单中选择一种样式，如图 4-54 所示。

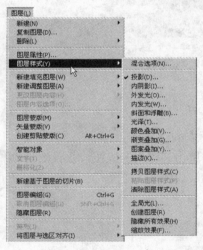

图 4-53　"图层样式"子菜单

图 4-54　弹出的下拉菜单

3）此时选择"投影"命令，会弹出如图 4-55 所示的对话框。在此对话框中设置相应参数后单击"确定"按钮，此时图层面板会显示出相应效果，如图 4-56 所示。

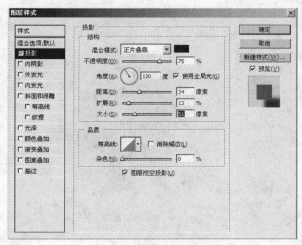

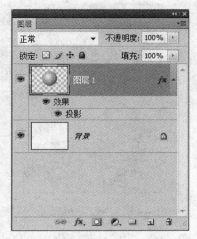

图 4-55 "投影"对话框   图 4-56 在图层面板中显示"投影"效果

4.5.2 图层样式的种类

Photoshop CS4 提供了 10 种图层样式，下面就来具体讲解它们的用途。

1. 投影

对于平面处理来说，"投影"样式使用非常频繁。无论是文字、按钮、边框，还是一个物体，如果添加一个投影效果，就会产生层次感，为图像增色不少。

在"投影"对话框中，各项参数意义如下。

● 混合模式：选定投影的图层混合模式，在其右侧有一颜色框，用于设置投影颜色。

● 不透明度：设置阴影的不透明度，值越大，阴影颜色越深。

● 角度：用于设置光线照明角度，阴影方向会随光照角度的变化而发生变化。

● 使用全局光：为同一图像中的所有图层样式设置相同的光线照明角度。

● 距离：设置阴影的距离，变化范围为 0~30000，值越大，距离越远。

● 扩展：设置光线的强度，变化范围为 0%~100%，值越大，投影效果越强烈。

● 大小：设置投影柔化程度，变化范围为 0~250，值越大，柔化程度越大。当取值为 0 时，该选项将不产生任何效果。

● 等高线：单击"等高线"右侧下拉列表，会弹出如图 4-57 所示的面板，从中可以选择一种等高线。如果要编辑等高线，可以单击等高线图案，在弹出的如图 4-58 所示的"等高线编辑器"对话框中对其进行再次编辑。图 4-59 为使用等高线制作的投影效果。

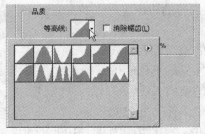

图 4-57 弹出等高线面板

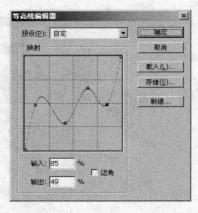

图 4-58　"等高线编辑器"对话框

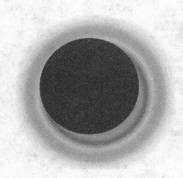

图 4-59　编辑投影等高线效果

- 杂色：用于控制投影中的杂质多少。
- 图层挖空投影：控制投影在半透明图层中的可视性或闭合。

2．内阴影

"内阴影"样式用于为图层添加位于图层内容边缘内的阴影，从而使图层产生凹陷的外观效果。"内阴影"对话框如图 4-60 所示，其参数设置与"投影"基本相同，图 4-61 为添加内阴影效果的前后比较图。

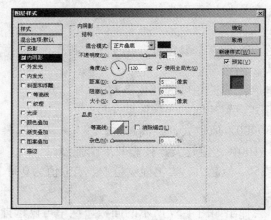

图 4-60　"内阴影"对话框

内阴影前　　　　　　　内阴影后

图 4-61　添加内阴影效果的前后比较图

3. 外发光

"外发光"样式用于在图层内容的边缘以外添加发光效果。"外发光"对话框如图 4-62 所示，其中各项参数的意义如下。

- 混合模式：选定外发光的图层混合模式。
- 不透明度：用于设置外发光的不透明度，值越大，阴影颜色越深。
- 杂色：设置外发光效果的杂质多少。
- 方法：选择"精确"或"柔化"的发光效果。
- 扩展：设置外发光的强度，变化范围为 0%~100%，值越大，扩展效果越强烈。

●　大小：设置外发光的柔化程度，变化范围为 0~250，值越大，柔化程度越大。当取值为 0 时，该选项将不产生任何效果。

●　等高线：用于设置外发光的多种等高线效果。

●　消除锯齿：选中该复选框，可以消除所使用等高线的锯齿，从而使其平滑。

●　范围：用于调整发光中作为等高线目标的部分或范围。

●　抖动：用于调整发光中的渐变。

图 4-63 为添加外发光效果的前后比较图。

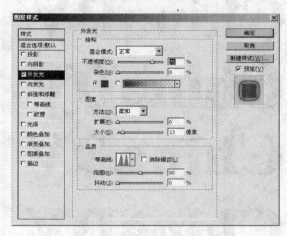

外发光前　　　　　外发光后

图 4-62　"外发光"对话框　　　　　　　　图 4-63　添加外发光效果的前后比较图

4. 内发光

"内发光"样式用于在图层内容的边缘以内添加发光效果。"内发光"对话框如图 4-64 所示，其参数设置与"外发光"基本相同，区别在于多了一个"源"选项，它的参数意义如下。

●　源：用于指定内发光的发光位置。

●　居中：单击"居中"单选按钮，可指定图层内容的中心位置发光。

●　边缘：单击"边缘"单选按钮，可指定图层内容的内部边缘发光。

图 4-65 为内发光效果。

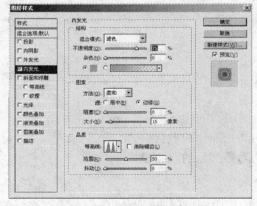

图 4-64　"内发光"对话框　　　　　　　　图 4-65　内发光效果

5．斜面和浮雕

"斜面和浮雕"样式是指在图层的边缘添加一些高光和暗调带，从而在图层的边缘产生立体斜面效果或浮雕效果。"斜面和浮雕"对话框如图 4-66 所示，其各项参数意义如下。

● 样式：包括"内斜面"、"外斜面"、"浮雕效果"、"枕状浮雕"和"描边浮雕"5 种浮雕效果。图 4-67 为不同浮雕效果的比较。

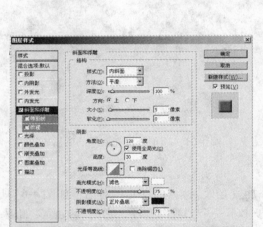

图 4-66　"斜面和浮雕"对话框　　　　图 4-67　不同浮雕效果的比较

● 方法：用于选择一种斜面表现方式。它包括"平滑"、"雕刻清晰"、"雕刻柔和"3 种类型。
● 深度：用于调整斜面或浮雕效果凸起（或凹陷）的幅度。
● 方向：有"上"、"下"两个选项可供选择。
● 大小：用于调整斜面的大小。
● 软化：用于调整斜面的柔和度。
● 角度：用于设置光线的照射角度。
● 高度：用于设置光线的照射高度。
● 光泽等高线：从中可以选择一种等高线用做阴影的样式。
● 高光模式：用于选择斜面或浮雕效果中的高光部分的混合模式。
● 阴影模式：用于选择斜面或浮雕效果中的阴影部分的混合模式。

6．光泽

"光泽"样式是指在图层内部根据图层的形状应用阴影来创建光滑的磨光效果。"光泽"对话框如图 4-68 所示，它的选项在前面基本上都已经介绍过，图 4-69 为添加光泽效果的前后比较图。

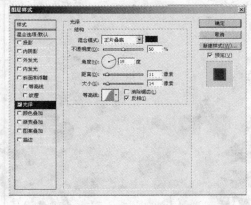

图 4-68 "光泽"对话框

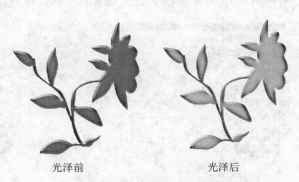

光泽前   光泽后

图 4-69 添加光泽效果的前后比较图

7. 颜色叠加

"颜色叠加"样式是指在图层内容上叠加颜色。"颜色叠加"对话框如图 4-70 所示，其各项参数意义如下。

● 混合模式：用于控制右侧颜色块中的颜色与原来颜色进行混合的方式。

● 不透明度：用于控制控制右侧颜色块中的颜色与原来颜色进行混合时的不透明度。

图 4-71 为添加红色颜色叠加效果的前后比较图。

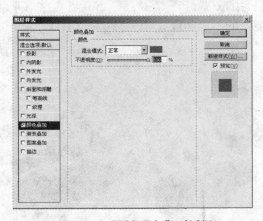

图 4-70 "颜色叠加"对话框

添加红色颜色叠加效果前   添加红色颜色叠加效果后

图 4-71 添加红色颜色叠加效果的前后比较图

8. 渐变叠加

"渐变叠加"是指在图层内容上叠加渐变色。"渐变叠加"对话框如图 4-72 所示，其各项参数意义如下。

● 混合模式：用于控制渐变色与原来颜色进行混合的方式。

● 不透明度：用于控制渐变色与原来颜色进行混合的不透明度。

● 渐变：用于设置渐变色。

● 样式：有"线性"、"径向"、"角度"、"对称的"和"菱形" 5种渐变样式可供选择。

● 角度：用于调整渐变的角度。

● 缩放：用于调整渐变范围的大小。

图4-73为添加渐变叠加效果的前后比较图。

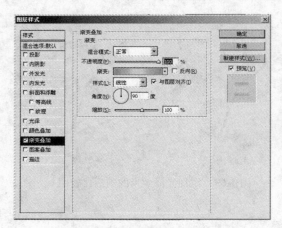

图4-72 "渐变叠加"对话框

渐变叠加前　　　　　　渐变叠加后

图4-73 添加渐变叠加效果的前后比较图

9. 图案叠加

"图案叠加"样式是指在图层内容上叠加图案。"图案叠加"对话框如图4-74所示，其各项参数意义如下。

● 混合模式：用于控制图案与原来颜色进行混合的方式。

● 不透明度：用于控制图案与原来颜色进行混合的不透明度。

● 图案：用于选择进行图案叠加的图案。

● 缩放：用于调整图案的显示比例。

图4-75为添加图案叠加效果的前后比较图。

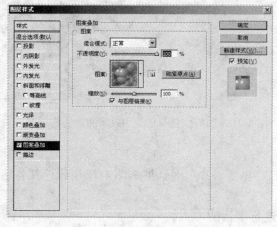

图4-74 "图案叠加"对话框

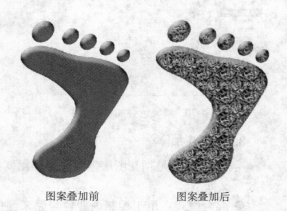

图案叠加前　　　　　　图案叠加后

图4-75 添加图案叠加效果的前后比较图

10. 描边

"描边"样式是指使用纯色、渐变色或图案在图层内容的边缘上描画轮廓，这种效果适合于处理一些边缘清晰的形状（如文字）。"描边"对话框如图 4-76 所示，其各项参数意义如下。

- 大小：用于设置描边的宽度。
- 位置：用于设置描边的位置，有"外部"、"内部"和"居中"3 种类型可供选择。
- 混合模式：用于设置描边颜色与原来颜色进行混合的模式。
- 不透明度：用于设置描边颜色与原来颜色进行混合的不透明度。
- 填充类型：用于设置描边的类型，有"颜色"、"渐变"和"图案"3 种类型可供选择。
- 颜色：用于设置描边的颜色。

图 4-77 为添加图案描边效果的前后比较图。

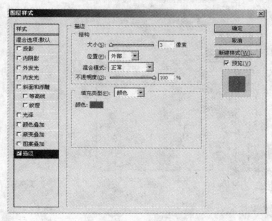

描边前　　　　　　　　　描边后

图 4-76　"描边"对话框　　　　　　图 4-77　添加描边效果的前后比较图

4.5.3　使用样式面板

Photoshop CS4 提供了一个样式面板，该面板专门用于保存图层样式，以便于下次调用。下面就来具体讲解该面板的使用方法。

1．应用和新建样式

应用和新建样式的具体操作步骤如下：

1）新建一个文件，然后单击"图层"面板下方的 （创建新图层）按钮，从而新建一个图层。接着使用工具箱上的 ▨（自定义图形工具），类型选择 ▫（填充像素），再选择一个图形后进行绘制，效果如图 4-78 所示。

2）执行菜单中的"窗口 | 样式"命令，调出"样式"面板，如图 4-79 所示。

3）选中"图层 1"，在"样式"面板中单击某一种样式，即可将该样式施加到图形上，效果如图 4-80 所示。

4）对"图层 1"中施加的样式进行修改，如图 4-81 所示。然后单击"样式"面板下方的 ▨（创建新样式）按钮，弹出如图 4-82 所示的对话框，单击"确定"按钮，即可将这种样式添加到"样式"面板中，如图 4-83 所示。

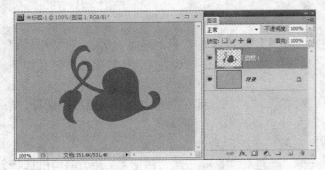

图 4-78　绘制图形

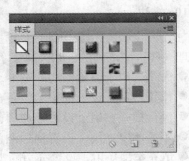

图 4-79　"样式"面板

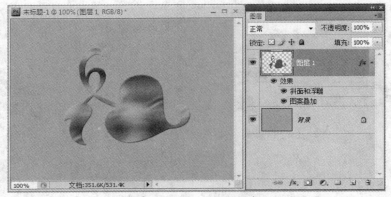

图 4-80　将样式施加到图形上

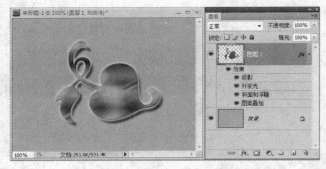

图 4-81　修改样式

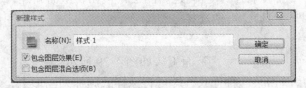

图 4-82　"新建样式"对话框

图 4-83　新建的样式

2. 管理样式

在编辑了一个漂亮的图层样式后,可以将其定义到"样式"面板中,以便于下次继续使用,但是如果重新安装 Photoshop CS4 后,该样式就会被删除。为了在下次重新安装时可以载入这种样式，可以将样式保存为样式文件。

保存和载入样式文件的具体操作步骤如下：

1）单击"样式"面板右上角的小三角，从弹出的下拉菜单中选择"存储样式"命令。

2）在弹出的如图 4-84 所示的对话框中选择保存的位置后，将其保存为.ASL 的格式。

图 4-84　"存储"对话框

3）在重新安装 Photoshop CS4 后，可以单击"样式"面板右上角的小三角，从弹出的下拉菜单中选择"载入样式"命令，在弹出的"载入样式"对话框中选择上步保存的样式文件即可。

4.6　混合图层

混合图层分为一般图层混合和高级图层混合两种模式，下面就来对其进行具体讲解。

4.6.1　一般图层混合模式

一般图层混合模式包括图层"图层不透明度"、"填充不透明度"和"混合模式"的功能，通过这 3 个功能可以制作出许多图像合成效果。其中，"图层不透明度"用于设置图层的总体不透明度；"填充不透明度"用于设置图层内容的不透明度；"混合模式"是指当图像叠加时，上方图像的像素如何与下方图像的像素进行混合，以得到结果图像。

Photoshop CS4 提供了 25 种图层混合模式，如图 4-85 所示。下面就来具体讲解这些图层混合模式的用途。

1. 正常模式

这是系统默认的模式，当图层不透明度为 100% 时，设置为该模式的图层将完全覆盖下层图像。图 4-86 为正常模式下的图层分布和画面显示。

2. 溶解模式

该模式是根据本层像素位置的不透明度，随机分布下层像素，产生一种两层图像互相融合的效果。该模式对于经过羽化的边缘作用非常显著，图 4-87 为溶解模式下的图层分布和画面显示。

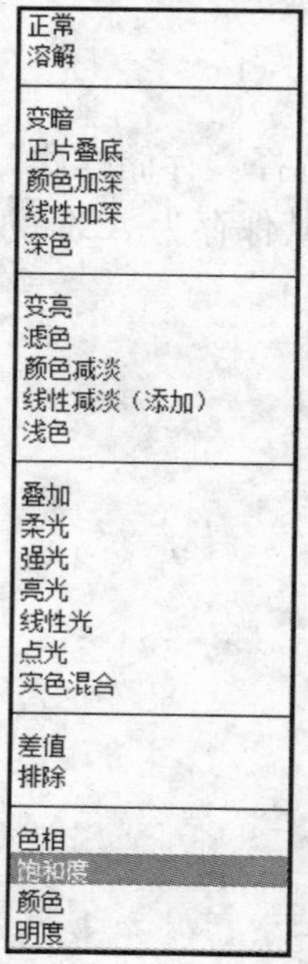

正常
溶解

变暗
正片叠底
颜色加深
线性加深
深色

变亮
滤色
颜色减淡
线性减淡（添加）
浅色

叠加
柔光
强光
亮光
线性光
点光
实色混合

差值
排除

色相
饱和度
颜色
明度

图 4-85　25 种图层混合模式

图 4-86　正常模式下的图层分布和画面显示

图 4-87　溶解模式下的图层分布和画面显示

3．变暗模式

在变暗模式下进行颜色混合时，会比较所绘制的颜色与底色之间的亮度，较亮的像素被较暗的像素取代，而较暗的像素不变。图 4-88 为变暗模式下的画面显示。

4．变亮模式

变亮模式正好与变暗模式相反，它是选择底色或绘制颜色中较亮的像素作为结果颜色，较暗的像素被较亮的像素取代，而较亮的像素不变。图 4-89 为变亮模式下的画面显示。

图 4-88　变暗模式下的画面显示　　　　图 4-89　变亮模式下的图画面显示

5. 正片叠底模式

将两个颜色的像素相乘，然后再除以255，得到的结果就是最终色的像素值。通常，执行正片叠底模式后，其颜色会比原来的两种颜色都深，例如，任何颜色和黑色结合得到的仍然是黑色；任何颜色和白色结合后会保持原来的颜色不变。简单地说，正片叠底模式的功能就是突出黑色的像素。图 4-90 为正片叠底模式下的画面显示。

6. 滤色模式

滤色模式的作用效果和正片叠底正好相反，它是将两个颜色的互补色的像素值相乘，然后再除以255，得到最终色的像素值。通常，执行滤色模式后的颜色都较浅。任何颜色和黑色执行滤色模式，原颜色不受影响；任何颜色和白色执行滤色模式，得到的是白色。而与其他颜色执行此模式时，都会产生漂白效果。简单地说，滤色模式的功能就是突出白色的像素。图 4-91 为滤色模式下的画面显示。

图 4-90　正片叠底模式下的画面显示　　　　图 4-91　滤色模式下的画面显示

7. 颜色加深模式

使用颜色加深模式时，首先查看每个通道的颜色信息，通过增加对比度使底色的颜色变暗来反映绘图色，和白色混合没有变化。图 4-92 为颜色加深模式下的画面显示。

8. 线性加深模式

使用线性加深模式时，首先查看每个通道的颜色信息，通过降低对比度使底色的颜色变暗来反映绘图色，和白色混合没有变化。图 4-93 为线性加深模式下的画面显示。

图 4-92 颜色加深模式下的画面显示　　　　图 4-93 线性加深模式下的画面显示

9. 颜色减淡模式

使用颜色减淡模式时，首先查看每个通道的颜色信息，通过降低对比度使底色的颜色变亮来反映绘图色，和黑色混合没有变化。图 4-94 为颜色减淡模式下的画面显示。

10. 线性减淡(添加)模式

使用线性减淡模式时，首先查看每个通道的颜色信息，通过增加亮度使底色的颜色变亮来反映绘图色，和黑色混合没有变化。图 4-95 为线性减淡模式下的画面显示。

图 4-94 颜色减淡模式下的画面显示　　　　图 4-95 线性减淡模式下的画面显示

11. 叠加模式

图像的颜色被叠加到底色上，但保留底色的高光和阴影部分。底色的颜色没有被取代，而是与图像颜色混合体现原图的亮部和暗部。图 4-96 为叠加模式下的画面显示。

12. 柔光模式

柔光模式根据图像的明暗程度来决定最终色是变亮，还是变暗。当图像色比 50% 的灰要亮时，则底色图像变亮；如果图像色比 50% 的灰要暗，则底色图像就变暗。如果图像色是纯黑或者纯白色，最终色将稍稍变暗或者变亮，如果底色是纯白色或者纯黑色，则没有任何效果。图 4-97 为柔光模式下的画面显示。

图 4-96　叠加模式下的画面显示　　　　　　图 4-97　柔光模式下的画面显示

13. 强光模式

强光模式是根据图像色来决定是执行叠加模式，还是滤色模式。当图像色比 50% 的灰要亮时，则底色变亮，就像执行滤色模式一样；如果图像色比 50% 的灰要暗，则就像执行叠加模式一样，当图像色为纯白或者纯黑时，得到的是纯白或者纯黑色。图 4-98 为强光模式下的画面显示。

14. 亮光模式

亮光模式是根据图像色，通过增加（或者降低）对比度来加深（或者减淡）颜色。如果图像色比 50% 的灰亮，图像通过降低对比度被照亮；如果图像色比 50% 的灰暗，图像通过增加对比度变暗。图 4-99 为亮光模式下的画面显示。

图 4-98　强光模式下的画面显示　　　　　　图 4-99　亮光模式下的画面显示

15. 线性光模式

线性光模式是根据图像色，通过增加（或者降低）亮度来加深（或者减淡）颜色。如果图像色比 50% 的灰亮，图像通过增加亮度被照亮；如果图像色比 50% 的灰暗，图像通过降低亮度变暗。图 4-100 为线性光模式下的画面显示。

16. 点光模式

点光模式是根据图像色来替换颜色。如果图像色比 50% 的灰要亮，图像色被替换，比图像色亮的像素不变化；如果图像色比 50% 的灰要暗，比图像色亮的像素被替换，比图像色暗的像素不变化。图 4-101 为点光模式下的画面显示。

图 4-100　线性光模式下的画面显示　　　　　图 4-101　点光模式下的画面显示

17. 实色混合模式

通常情况下，实色混合模式的两个图层混合的结果为亮色将更加亮了，暗色将更加暗了。图 4-102 为实色混合模式下的画面显示。

18. 差值模式

差值模式，通过查看每个通道中的颜色信息，比较图像色和底色，用较亮的像素点的像素值减去较暗的像素点的像素值，将差值作为最终色的像素。与白色混合将使底色反相，与黑色混合则不产生变化。图 4-103 为差值模式下的画面显示。

图 4-102　实色混合模式下的画面显示　　　　　图 4-103　差值模式下的画面显示

19. 排除模式

与差值模式类似，但是比差值模式生成的颜色对比度小，因而颜色较柔和。与白色混合将使底色反相，与黑色混合则不产生变化。图 4-104 为排除模式下的画面显示。

20. 色相模式

采用底色的亮度、饱和度，以及图像色的色相来创建最终色。图 4-105 为色相模式下的画面显示。

21. 饱和度模式

采用底色的亮度、色相，以及图像色的饱和度来创建最终色。如果绘图色的饱和度为 0，原图就没有变化。图 4-106 为饱和度模式下的画面显示。

22. 明度模式

与颜色模式正好相反，亮度模式采用底色的色相、饱和度，以及绘图色的亮度来创建最终色。图 4-107 为亮度模式下的画面显示。

图 4-104　排除模式下的画面显示

图 4-105　色相模式下的画面显示

图 4-106　饱和度模式下的画面显示

图 4-107　明度模式下的画面显示

23. 颜色模式

这种模式能保留原有图像的灰度细节，能用来对黑白或者是不饱和的图像上色。图 4-108 为颜色模式下的画面显示。

24. 深色模式

这种模式为 Photoshop CS4 新增的图层混合模式，利用它可以对一幅图片的局部（而不是整幅图片）进行变暗处理。图 4-109 为深色模式下的画面显示。

图 4-108　颜色模式下的画面显示

图 4-109　深色模式下的画面显示

25. 浅色模式

这种模式为 Photoshop CS4 新增的图层混合模式，利用它可以对一幅图片的局部（而不是整幅图片）进行变亮处理。图 4-110 为浅色模式下的图层分布和画面显示。

图 4-110　浅色模式下的画面显示

4.6.2　高级图层混合模式

除了一般图层混合模式外，Photoshop CS4 还提供了一种高级混合图层的方法，即使用"混合选项"功能进行混合，其具体操作步骤如下：

1）在"图层"面板中，选择要设置"混合选项"的图层，然后执行菜单中的"图层|图层样式|混合选项"命令，此时会弹出如图 4-111 所示的"混合选项"对话框。

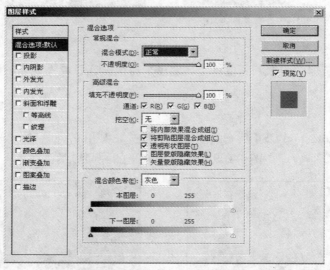

图 4-111　"混合选项"对话框

2）在"常规混合"选项组中提供了一般图层混合的方式，可以设置混合模式和不透明度，这两项功能和图层面板中的图层混合模式和不透明度调整功能相同。

3）在"高级混合"选项组中提供了高级混合选项。其中，各项参数的说明如下。

● 填充不透明度：用于设置不透明度。其填充的内容由"通道"选项中的 R、G、B 复选框来控制。例如，如果取消选择 R、G 复选框，那么在图像中就只显示蓝通道的内容，而隐藏红和绿通道的内容。

● 挖空：用于指定哪一个图层被穿透，从而显示出下一层的内容。如果使用了图层组，则可以挖空图层组中最底层的图层，或者挖空背景图层中的内容，以及挖空调整图层使其显示出原图像的颜色。在其下拉列表中选择"无"，表示不挖空任何图层；选择"浅"，表示挖空当前图层组最底层或剪贴组图层的最底层；选择"深"，表示挖空背景图层。

● 将内部效果混合成组：选中此复选框，可挖空在同一组中拥有内部图层样式的图层，如内阴影和外发光样式。

● 将剪贴图层混合成组：选中此复选框，可挖空在同一剪贴组图层中的每一个对象。

● 透明形状图层：选中此复选框，将禁用图层样式和不透明区域的挖空；如果不选中此复选框，将可以对图层应用这些效果。

● 图层蒙版隐藏效果：选中此复选框，将在图层蒙版中所定义的区域中禁用图层样式。

● 矢量蒙版隐藏效果：选中此复选框，将在形状图层所定义的区域中禁用图层样式。

● 混合颜色带：此下拉列表用于指定混合效果将对哪一个通道起作用。如果选择"灰色"，表示作用于所有通道；如果选择其他选项，表示作用于图像中选择的某一原色通道。

4.7　实例讲解

本节将通过 6 个实例来讲解图层在实践中的应用。旨在帮助读者能够举一反三，快速掌握图层的相关知识。

4.7.1　制作图像的互相穿越效果

要点：

本例将制作图像的互相穿越效果，如图 4-112 所示。通过本例的学习，应掌握滤镜中的挤压命令，以及图层样式的应用。

原图

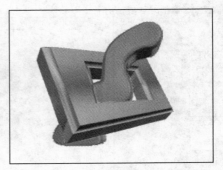
结果图

图 4-112　图像的互相穿越效果

操作步骤：

1）执行菜单中的"文件 | 打开"命令（快捷键〈Ctrl+O〉），打开配套光盘中的"随书素材及结果 \4.7.1 图像的互相穿越效果 \ 原图 1.tif"文件，如图 4-112 所示。

2）选择工具箱中的 ，然后选取画面最左面的图形外轮廓，按快捷键〈Ctrl+C〉进行复制。

3）新建一个 400 × 400 像素的文件，然后按快捷键〈Ctrl+V〉进行粘贴，效果如图 4-113 所示。

4）回到"原图 1.tif"文件中，仍然利用工具箱中的 选取左侧第 3 个图形，然后按快捷键〈Ctrl+C〉进行复制。接着回到新建文件中按快捷键〈Ctrl+V〉进行粘贴，此时效果和图层分布如图 4-114 所示。

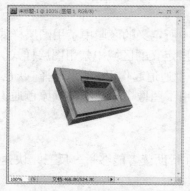

图 4-113　粘贴图像效果

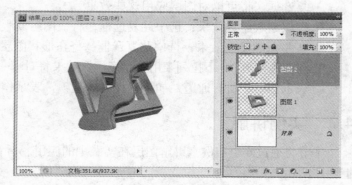

图 4-114　组合图像

5）制作图像互相穿透的效果。方法：选择"图层 2"，然后单击图层面板下方的 按钮，添加蒙版，如图 4-115 所示。接着确认前景色为黑色，选择工具箱中的 ，在两个图层相交区域进行涂抹，从而将两个图层相交部分隐藏起来，最终效果如图 4-116 所示。

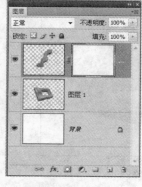

图 4-115　创建蒙版

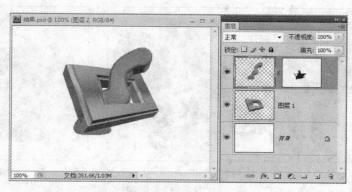

图 4-116　最终效果

4.7.2　制作为花纹鱼上色的效果

要点：

　　本例将对一幅灰色鱼图片进行上色处理，如图 4-117 所示。通过本例的学习，应掌握图层模式的应用。

原图　　　　　　　　　　　　　　　　　　　　　　　　　结果图

图 4-117　为花纹鱼上色的前后效果

操作步骤：

　　1）打开配套光盘中的"随书素材及结果 \4.7.2 制作为花纹鱼上色的效果 \ 原图.psd"图片，如图 4-117 中的左图所示。此时路径面板中有一个鱼形路径，如图 4-118 所示。

　　2）单击"图层"面板下方的 　（创建新图层）按钮，新建"图层 1"，并将图层混合模式设置为"颜色"，分别选择不同颜色的画笔在画面上涂抹，这时鱼的纹理仍然保留，但是被添加了颜色，效果如图 4-119 所示，此时，图层分布如图 4-120 所示。

图 4-118　路径　　　　　　图 4-119　给不同部位上不同颜色　　　　　图 4-120　图层分布

　　3）新建"图层 2"，将图层混合模式设置为"叠加"，然后选择蓝色的画笔在鱼的身体部分涂抹，效果如图 4-121 所示，此时，图层分布如图 4-122 所示。

　　4）在"路径"面板中选中鱼的路径，然后单击该面板下方的 　（将路径作为选区载入）按钮，载入鱼的选区。使用快捷键〈Ctrl+Shift+I〉反选选区，效果如图 4-123 所示。

5）单击"路径"面板上的灰色部分，使路径不被选择。

6）切换到"图层"面板上，选中"图层 1"，按键盘上的〈Delete〉键，目的是将刚才不小心画出的超过鱼的部分删除。再选中"图层 2"，按键盘上的〈Delete〉键，将不需要的部分删除。

7）按快捷键〈Ctrl+D〉取消选区，效果如图 4-124 所示。

图 4-121　给鱼的身体部分上色

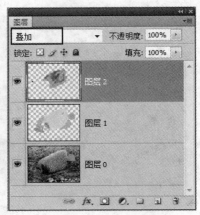

图 4-122　图层分布

图 4-123　反选选区

图 4-124　取消选区效果

提示："颜色"模式是采用底色的亮度以及绘图色的色相、饱和度来创建最终色，它可以保护原图的灰阶层次，对于图像的色彩微调、为单色和彩色图像着色都非常有用。而"叠加"模式是使绘图色的颜色被叠加到底色上，但保留底色的高光和阴影部分。

4.7.3　制作变天效果

　要点：

本例将制作变天效果，如图 4-125 所示。通过本例的学习，应掌握利用"贴入"命令制作图层蒙版及改变图层透明度的方法。

原图 1

原图 2

结果图

图 4-125　变天效果

 操作步骤：

1）打开配套光盘中的"随书素材及结果\4.7.3　制作变天效果\原图 1.jpg"文件，如图 4-125 所示。

2）选择工具箱上的 （魔棒工具），容差值调为 50，确定选中"连续"复选框。然后选择图中的天空部分，效果如图 4-126 所示。

3）打开配套光盘中的"随书素材及结果\4.7.3　制作变天效果\原图 2.jpg"图片，然后执行菜单中"选择 | 全选"命令（快捷键〈Ctrl+A〉），接着执行菜单中的"编辑 | 复制"命令（快捷键〈Ctrl+V〉）进行复制。

4）回到"原图 1.jpg"文件中，然后执行菜单中的"编辑 | 贴入"命令，此时晚霞的图片被粘入到选区范围以内，选区以外的部分被遮住。图层面板中会产生一个新的图层 1 和图层蒙版。接着使用 （移动工具）选中蒙版图层上的蓝天部分，将晚霞移动到合适的位置，效果如图 4-127 所示。

图 4-126　创建选区

图 4-127　贴入晚霞后的效果

5）此时，树木与背景融合处有白色边缘，为了解决这个问题，需要使用 （画笔工具），选择一个柔化笔尖，然后确定前景色为白色，当前图层为蒙版图层，使用画笔在树冠部分涂抹，从而使蓝天白云画面和原图结合得更好，如图 4-128 所示。

6）制作水中倒影效果。方法：使用工具箱上的 （多边形套索工具），设置羽化值为 0，将水塘部分圈画起来，效果如图 4-129 所示。

图 4-128　处理树木顶部边缘

图 4-129　创建水的选区

7）执行菜单中的"编辑|贴入"命令，将蓝天白云的图片粘贴入选区，这时图层出现了一个新的"图层"2和它的蒙版图层，如图4-130所示。

图 4-130　贴入效果

8）选择"图层2"，然后执行菜单中的"编辑|变换|垂直翻转"命令，制作出晚霞的倒影。接着利用 （移动工具）选中蒙版图层上的晚霞部分，将晚霞移动到合适的位置。最后确定当前图层为倒影图层（即"图层2"），将图层面板上透明度调整为50%，效果如图4-131所示。

图 4-131　制作水中倒影效果

9）为了使陆地的色彩与晚霞相匹配。下面确定当前图层为"背景层"，执行菜单中的"图像 | 调整 | 色相 / 饱和度"命令（快捷键〈Ctrl+U〉），在弹出的对话框中设置参数如图 4-132 所示，然后单击"确定"按钮，效果如图 4-133 所示。

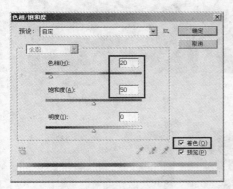
图 4-132　制作水中倒影效果

图 4-133　变天效果

4.7.4　图像合成——恐龙

 要点：

本例将利用两张图片进行合成处理，如图 4-134 所示。通过本例的学习，应掌握图层蒙版填充和调节图层的使用。

原图 1

原图 2

结果图

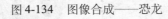
图 4-134　图像合成——恐龙

 操作步骤：

1. 调整恐龙的颜色及对比度

1）打开配套光盘中的"随书素材及结果 \4.7.4　图像合成——恐龙 \ 原图 2.bmp"图片，如图 4-134 所示。

2）选择工具箱中的 （魔棒工具）创建如图 4-135 所示的选区，然后通过执行菜单中的"选择 | 反选"命令，创建恐龙选区，如图 4-136 所示。

3）执行菜单中的"图像 | 调整 | 色阶"命令，在弹出的对话框中设置参数如图 4-137 所示，单击"确定"按钮，效果如图 4-138 所示。

图 4-135　创建恐龙以外的选区

图 4-136　创建恐龙选区

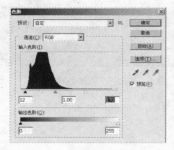

图 4-137　调整"色阶"参数

图 4-138　调整"色阶"效果

5）此时恐龙图像的对比度增强了，清晰度也提高了。但是恐龙的色彩不是很理想，下面就来解决这个问题。方法：选择恐龙选区，执行菜单中的"图像|调整|色彩平衡"命令，在弹出的对话框中设置参数，如图 4-139 所示，单击"确定"按钮，效果如图 4-140 所示。

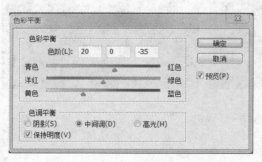

图 4-139　调整"色彩平衡"参数

图 4-140　调整"色彩平衡"效果

2. 合成图像

1）打开配套光盘中的"随书素材及结果 \4.7.4 图像合成——恐龙\原图 1.bmp"图片，选择工具箱中的 （移动工具），将"原图 1.bmp"拖动到"原图 2.bmp"中，效果如图 4-141 所示。

2）选择工具箱上的 （魔棒工具），创建如图 4-142 所示的宇航员选区。

3）单击"图层"面板下方的 （添加图层蒙版）按钮，对"图层 1"添加一个图层蒙版，效果如图 4-143 所示。

图 4-141　将"原图 1.bmp"拖入"原图 2.bmp"

图 4-142　创建宇航员选区

图 4-143　创建宇航员选区蒙版

4）执行菜单中的"编辑 | 自由变换"命令（快捷键〈Ctrl+T〉），将宇航员旋转一定的角度，效果如图 4-144 所示。

图 4-144　将宇航员旋转一定角度

5）选择工具箱上的 <!-- icon --> （画笔工具），将前景色设置为黑色，处理"图层 1"的蒙版，从而制作出恐龙抓住宇航员的效果，最终效果如图 4-145 所示。

图 4-145　最终效果

4.7.5　制作五彩手镯效果

 要点：

　　本例将制作五彩手镯效果，如图 4-146 所示。通过本例的学习，应掌握通道、色彩平衡和滤镜中高斯模糊的综合应用。

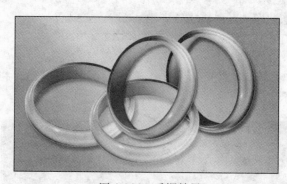

图 4-146　手镯效果

 操作步骤：

　　1）执行菜单中的"文件 | 新建"命令（快捷键〈Ctrl+N〉），在弹出的对话框中设置参数如图 4-147 所示，然后单击"确定"按钮，新建一个文件。

　　2）选择工具箱上的 （椭圆选框工具），绘制椭圆选区，如图 4-148 所示。

　　3）选择工具箱上的 ■（渐变工具），渐变类型选择 ■（线性渐变），设置渐变色如图 4-149 所示，然后对椭圆选区进行渐变处理，效果如图 4-150 所示。

　　4）按快捷键〈Ctrl+D〉取消选区。

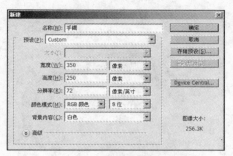

图 4-147　设置新建参数

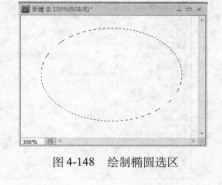

图 4-148　绘制椭圆选区

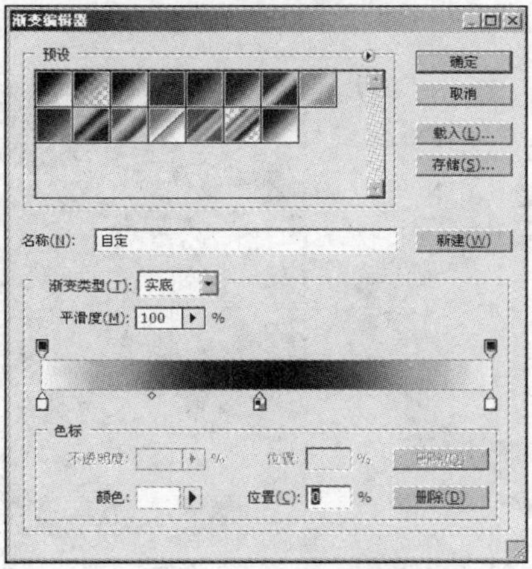

图 4-149　设置渐变色

图 4-150　绘制渐变

5）再次选择工具箱上的 （椭圆选框工具），绘制椭圆选区，如图 4-151 所示。然后按〈Delete〉键删除选区内的图像。接着按快捷键〈Ctrl+D〉取消选区，效果如图 4-152 所示。

图 4-151　绘制椭圆选框

图 4-152　删除选区内的图像

6）选择"图层 1"，单击"图层"面板下方的 （添加图层样式）按钮，在弹出的对话框中设置如图 4-153 所示，单击"确定"按钮，效果如图 4-154 所示。

7）将"图层 1"拖到"图层"面板下方的 （创建新图层）按钮上，从而复制出"图层 1副本"层，如图 4-155 所示。然后选择"图层 1 副本"，执行菜单中的"编辑|变换|垂直翻转"命令，效果如图 4-156 所示，此时图层分布如图 4-157 所示。

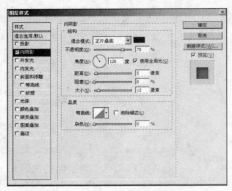

图 4-153　设置"图层样式"参数

图 4-154　样式效果

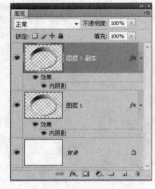

图 4-155　图层分布

图 4-156　垂直翻转效果

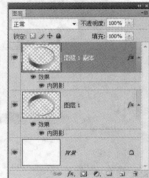

图 4-157　图层分布

8）双击"图层1副本"，在弹出的"图层样式"对话框中分别选择"外发光"、"斜面和浮雕"及"光泽"项进行设置。将外发光中的发光色设置为白色，"扩展"设置为0%，"大小"设置为1像素；将斜面和浮雕效果中的"大小"设置为50像素，"软化"设置为8像素，阴影中的"角度"设置为30°，"高度"设置为0°，"光泽等高线"选择第一排的最后一种样式；完成上述设置后，再将光泽效果中的"不透明度"设置为50%，"角度"设置为20°，"距离"设置为1像素，"大小"设置为7像素，效果如图4-158所示，此时图层分布如图4-159所示。

图 4-158　施加样式效果

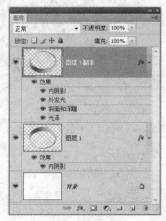

图 4-159　图层分布

9）将"图层 1 副本"拖到"图层"面板下方的 ■（创建新图层）按钮上，从而复制出"图层 1 副本 2"层，关闭此图层中的所有效果，如图 4-160 所示。然后执行菜单中的"滤镜 | 艺术效果 | 塑料包装"命令，在弹出的对话框中设置参数，如图 4-161 所示，单击"确定"按钮，效果如图 4-162 所示。

10）恢复"图层 1 副本 2"效果层的显示，然后将图层混合模式改为"强光"，如图 4-163 所示，效果如图 4-164 所示。此时便能看到指环表面的高光亮斑了。

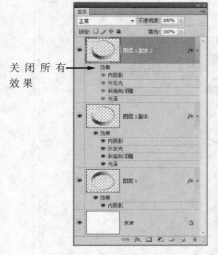

关闭所有效果

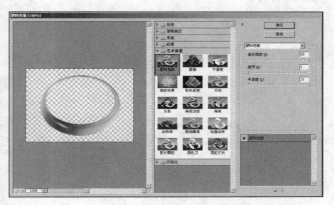

图 4-160　复制图层并隐藏效果　　　　　　图 4-161　设置"塑料包装"参数

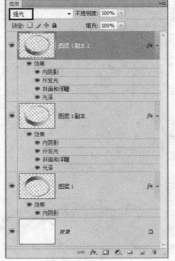

图 4-162　"塑料包装"效果　　　图 4-163　选择"强光"　　　图 4-164　"强光"效果

11）双击"图层 1 副本 2"图层，在弹出的对话框中双击"内发光"选项，将内发光中的发光色设置为白色，图素区中的"源"更改为居中，"阻塞"设置为 0%，"大小"设置为 35 像素，如图 4-165 所示，单击"确定"按钮。然后关闭"图层 1 副本 2"下除"内发光"以外的其余效果，得到如图 4-166 所示的效果。这样，手镯就圆润了，而且有了明暗面。此时图层分布如图 4-167 所示。

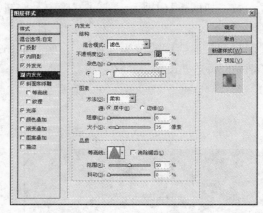

图 4-165　设置图层样式

图 4-166　样式效果

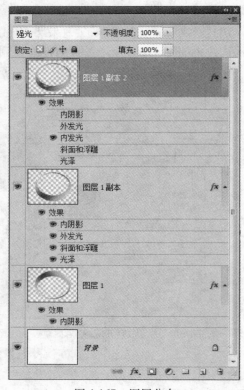

图 4-167　图层分布

12）给手镯上色。方法：单击"图层"面板下方的 ⚫.（创建新的填充或调整图层）按钮，在下拉菜单中选择"色彩平衡"命令，然后在弹出的面板中设置参数，如图 4-168 所示，效果如图 4-169 所示。此时图层分布如图 4-170 所示。

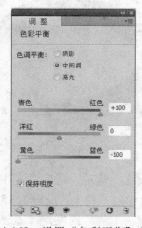

图 4-168　设置"色彩平衡"参数

图 4-169　"色彩平衡"效果

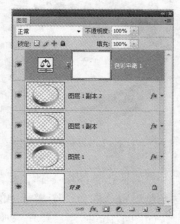

图 4-170　图层分布

13）将除背景色以外的其余图层合并。然后复制几个手镯，利用菜单中的"图像|调整|色相/饱和度"命令，调整手镯的颜色。接着利用"图层样式"对话框对每个手镯添加一个"投影"效果，最终效果如图 4-171 所示。

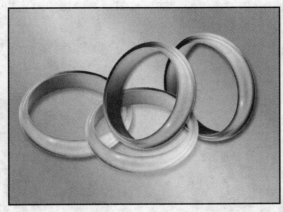

图 4-171　最终效果

4.8　课后练习

1．填空题

（1）填充图层的填充内容可为 _____、_____ 和 _____ 3 种。

（2）蒙版是图像合成的重要手段，蒙版图层中的黑、白和灰色像素控制着图层中相应位置图像的透明程度，其中 _____ 表示显现当前图层的区域，_____ 表示隐藏当前图层的区域，_____ 表示半透明区域。

2．选择题

（1）_____ 模式的作用效果和正片叠底正好相反，它是将两个颜色的互补色的像素值相乘，然后再除以 255，得到最终色的像素值。

A. 叠加　　　　　B. 滤色　　　　　C. 颜色　　　　　D. 柔光

（2）_____ 模式根据图像的明暗程度来决定最终色是变亮，还是变暗。当图像色比 50% 的灰要亮时，则底色图像变亮；如果图像色比 50% 的灰要暗，则底色图像就变暗。如果图像色是纯黑色或者纯白色，最终色将稍稍变暗或者变暗；如果底色是纯白色或者纯黑色，则没有任何效果。

A. 叠加　　　　　B. 滤色　　　　　C. 颜色　　　　　D. 柔光

（3）在移动图层上的图像时，按住键盘上的 _____ 键，可以使图层中的图像按 45° 的倍数方向移动。

A. Shift　　　　　B. Ctrl　　　　　C.Alt　　　　　D. Tab

3．问答题／上机题

（1）简述将背景图层转换为普通图层的方法。

（2）练习1：制作出如图4-172所示的香皂效果。

（3）练习2：利用配套光盘中的"课后练习\4.8课后练习\练习2\原图.jpg"图片，制作出如图4-173所示的映射在背景上的浮雕效果。

（4）练习3：利用配套光盘中的"课后练习\4.8课后练习\练习3\竹子.jpg"图片，制作出如图4-174所示的扇子效果。

图4-172　香皂效果

图4-173　映射在背景上的浮雕效果

图4-174　扇子效果

第5章 通道与蒙版的使用

本章要点

通道和蒙版是 Photoshop CS4 图像处理中两个不可缺少的利器。利用这两个利器能够使用户更完美的表现艺术才华，使创意设计达到更高的境界。通过本章的学习，应掌握通道和蒙版的使用方法。

本章内容包括：

- 通道的概念
- 通道面板
- Alpha 通道的使用
- 通道的操作
- 蒙版的操作

5.1 通道概述

通道分为颜色通道、Alpha 通道和专色通道 3 种类型。各项类型的功能说明如下。

- 颜色通道用于保存图像的颜色数据。例如，一幅 RGB 模式的图像，其每一个像素的颜色数据是由红、绿、蓝 3 个通道记录的，而这 3 个色彩通道组合定义后合成了一个 RGB 主通道，如图 5-1 所示。因此，改变红、绿、蓝 3 个通道之一的颜色数据，都会马上反映到 RGB 主通道中。而在 CMYK 模式的图像中，颜色数据则分别由青色、洋红色、黄色、黑色 4 个单独的通道组合成一个 CMYK 的主通道，如图 5-2 所示。这 4 个通道也就相当于四色印刷中的四色胶片，即 CMYK 图像在彩色输出时可以进行分色打印，将 CMYK 四原色的数据分别输出成为青色、洋红、黄色和黑色 4 张胶片。在印刷时这 4 张胶片叠合，即可印刷出色彩斑斓的彩色图像。
- Alpha 通道用于保存蒙版。即将一个选取范围保存后，就会成为一个蒙版保存在一个新增的通道中，如图 5-3 所示。其具体讲解请参见 5.3 节。
- 专色通道用于出专色版。

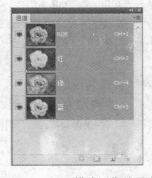 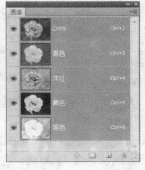 

图 5-1　RGB 模式图像的通道　　图 5-2　CMYK 模式图像的通道　　图 5-3　Alpha 通道

5.2　通道面板

执行菜单中的"窗口 | 通道"命令，调出"通道"面板，如图 5-4 所示。通过该面板可以完成新建、删除、复制、合并及拆分通道等操作。

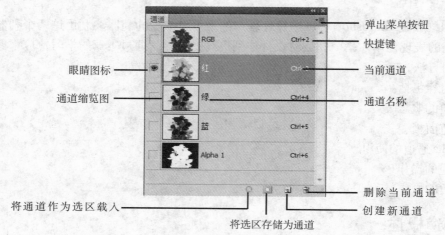

图 5-4　"通道"面板

其中，各项参数的说明如下。

- 眼睛图标：用于显示或隐藏当前通道。
- 通道缩览图：在通道名称左侧有一个缩览图，其中显示该通道的内容，从中可以迅速识别每一个通道。在任一图像通道中进行编辑修改后，该缩览图中的内容均会随着改变。如果对图层中的内容进行编辑和修改，则各原色通道的缩览图也会随着改变。
- 弹出菜单按钮：单击此按钮，会弹出下拉菜单，如图 5-5 所示。从中可以选择相应的菜单命令。

图 5-5　弹出的下拉菜单

- 快捷键：按下这些快捷键可以快速、准确地选中所指定的通道。
- 通道名称：每一个通道都有一个不同的名称便于区分。在新建 Alpha 通道时，如不为新通道命名，则 Photoshop CS4 会自动依序定名为 Alpha1、Alpha2，依此类推。如果新建的是专色通道，则 Photoshop CS4 会自动依序定名为专色 1、专色 2，依此类推。
- 当前通道：选中某一通道后，则以蓝颜色显示这一通道。此时图像中只显示这一通道的整体效果。
- 将通道作为选区载入：单击此按钮，可将当前通道中的内容转换为选取范围。
- 将选区存储为通道：单击此按钮，可以将当前图像中的选取范围转换为一个蒙版，保存到一个新增的 Alpha 通道中。该功能与执行菜单中的"选择 | 存储选区"命令相同，只不过更加快捷而已。
- 创建新通道：单击此按钮，可以快速新建 Alpha 通道。

● 删除当前通道：单击此按钮，可以删除当前通道。注意，主通道不可以删除。

5.3　Alpha 通道

　　Alpha 通道与选区有着密切的关系，其可以创建从黑到白共 256 级灰度色。Alpha 通道中的纯白色区域为选区，纯黑色区域为非选区，而灰色区域为羽化选区。通道不仅可以转换为选区，也可以将选区保存为通道。图 5-6 为一幅图像中的 Alpha 通道，图 5-7 为将其转换为选区后的效果。

图 5-6　Alpha 通道

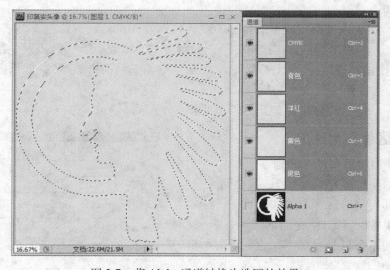

图 5-7　将 Alpha 通道转换为选区的效果

图 5-8　图形选区

图 5-9　将选区保存为 Alpha 通道的效果

图 5-8 为一个图形选区，图 5-9 为将其保存为 Alpha 通道的效果。

5.3.1　新建 Alpha 通道

新建 Alpha 通道有以下两种方法：

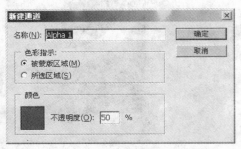

图 5-10　"新建通道"对话框

- 单击"通道"面板下方的 ▢（创建新通道）按钮。默认情况下，Alpha 通道被依次命名为 "Alpha 1"、"Alpha 2"、"Alpha 3"、……。
- 单击通道面板右上角的小三角，从弹出的下拉菜单中选择"新建通道"命令，此时会弹出如图 5-10 所示的对话框，该对话框中主要选项的含义如下。

   ❖ 名称：用于设置新建通道的名称。默认名称为 Alpha1。

   ❖ 色彩指示：用于确认新建通道的颜色显示方式。如果选择"被蒙版区域"单选按钮，则新建通道中黑色区域代表蒙版区，白色区域代表保存的选区；如果选择"所选区域"单选按钮，则含义相反。

设置完毕后，单击"确定"按钮，即可创建一个 Alpha 通道。

5.3.2　将选区保存为通道

将选区保存为通道有以下两种方法：

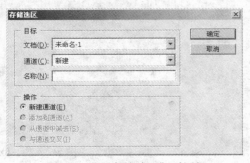

图 5-11　"存储选区"对话框

- 单击通道面板下方的 ▢（将选区存储为通道）按钮，即可将选区保存为通道。
- 执行菜单中的"选择|存储选区"命令，此时会弹出如图 5-11 所示的对话框，该对话框中主要选项的含义如下。

   ❖ 文档：该下拉列表用于显示所有已打开文件的名称，选择相应文件名称，即可将选区保存在该图像文件中。如果在该下拉列表中选择"新建"选项，则可以将选区保存在一个新文件中。

❖ 通道：该下拉列表中包括当前文件已存在的 Alpha 通道名称及"新建"选项。如果选择已有的 Alpha 通道，则可以替换该 Alpha 通道所保存的选区；如果选择"新建"选项，则可以创建一个新的 Alpha 通道。

❖ 新建通道：选中该项，可以创建一个新通道。如果在"通道"下拉列表中选择一个已存在的 Alpha 通道，此时"新建通道"项将转换为"替换通道"项，选中"替换通道"，则可用当前选区生成的新通道替换所选的通道。

❖ 添加到通道：该项只有在"通道"下拉列表中选择一个已存在的 Alpha 通道时，才可以使用。选中该项，可以在原通道的基础上添加当前选区所定义的通道。

❖ 从通道中减去：该项只有在"通道"下拉列表中选择一个已存在的 Alpha 通道时，才可以使用。选中该项，可以在原通道的基础上减去当前选区所创建的通道，即在原通道中以黑色填充当前选区所确定的区域。

❖ 与通道交叉：该项只有在"通道"下拉列表中选择一个已存在的 Alpha 通道时，才可以使用。选中该项，可以将原通道与当前选区的重叠部分创建为新通道。

设置完毕后，单击"确定"按钮，即可将选区保存为 Alpha 通道。

5.3.3　将通道作为选区载入

将通道作为选区载入有以下两种方法：

● 在"通道"面板中选择该 Alpha 通道，然后单击该面板下方的 (将通道作为选区载入) 按钮，即可载入 Alpha 通道所保存的选区。

● 执行菜单中的"选择|载入选区"命令，弹出的如图 5-12 所示的"载入选区"对话框，该对话框中选项与"存储选区"对话框中选项的含义相同，在此就不再赘述。

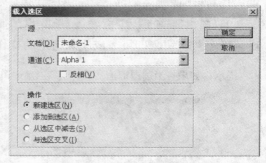

图 5-12　"载入选区"对话框

提示：按住键盘上的〈Ctrl〉键的同时单击通道，可以
直接载入该通道所保存的选区；如果按住键盘上的〈Ctrl+Shift〉组合键的同时单击通道，可在当前选区中添加该通道所保存的选区；如果按住键盘上的〈Ctrl+Alt〉组合键的同时单击通道，可以在当前选区中减去该通道所保存的选区；如果按住键盘上的〈Ctrl+Alt+Shift〉组合键的同时单击通道，可以得到当前选区与该通道所保存的选区相重叠的选区。

5.4　通道的操作

用户不仅可以通过"通道"面板创建新通道，还可以进行复制、删除、合并和分离通道的操作，下面就来进行具体讲解。

5.4.1　复制和删除通道

保存了一个选取范围后，对该选区范围（即通道中的蒙版）进行编辑时，通常要先将该通道的内容复制后再编辑，以免编辑后不能还原，这时就可以复制通道。为了节省硬盘的存储空间，提高程序运行程序，还可以将没有用的通道删除。

1．复制通道

复制通道的具体操作步骤如下：

1）选中要复制的通道。

2）单击通道面板右上角的小三角，从弹出的下拉菜单中选择"复制通道"命令，弹出如图5-13所示的对话框。该对话框中主要选项的含义如下。

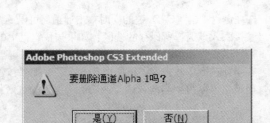

图5-13　"复制通道"对话框

- 为：用于设置复制后的通道名称。
- 文档：用于选择要复制的目标图像文件。
- 名称：如果在"文档"下拉列表中选择"新建"选项，此时"名称"文本框会变为可用状态，在其中可输入新文件的名称。
- 反相：如果选中"反相"复选框，相当于执行菜单中的"图像|调整|反相"命令。此时复制后的通道颜色会以反相显示，即黑变白、白变黑。

3）单击"确定"按钮，即可完成复制通道的操作。

2．删除通道

删除通道的具体操作步骤如下：

1）选中要删除的通道，如图5-14所示。

2）单击通道面板下方的 按钮，在弹出的如图5-15所示的对话框中单击"确定"按钮，即可完成删除通道的操作。

提示：如果将当前通道拖到 按钮上，可直接删除当前通道而不出现对话框。

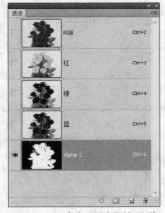

图5-14　选中要删除的通道

图5-15　删除通道提示对话框

5.4.2　分离和合并通道

对于一幅包含多个通道的图像，可以将每个通道分离出来。然后对分离后的通道经过编辑和修改后，再重新合并成一幅图像。

1．分离通道

分离通道的具体操作步骤如下：

1）打开一幅要分离通道的图像，如图 5-16 所示。

图 5-16 打开要分离通道的图像

2）单击通道面板右上角的小三角，从弹出的下拉菜单中选择"分离通道"命令，此时每一个通道都会从原图像中分离出来，同时关闭原图像文件。分离后的图像都将以单独的窗口显示在屏幕上。这些图像都是灰度图，不含有任何彩色，并在标题栏上显示其文件名。文件名是由原文件的名称和当前通道的英文缩写组成的，比如"红"通道，分离后的名称为"鲜花_R.扩展名"（其中"鲜花"为原文件名）。图 5-17 为一幅含有 Alpha 通道的 RGB 图像分离后的结果。

> 提示：执行"分离通道"命令的图像必须是只含有一个背景层的图像，如果当前图像含有多个图层，则需先合并图层，否则"分离通道"命令不可用。

图 5-17 RGB 图像通道被分离后的结果

2．合并通道

合并通道的具体操作步骤如下：

1）选择一个分离后经过编辑修改的通道图像。

2）单击通道面板右上角的小三角，从弹出的下拉菜单中选择"合并通道"命令，此时会弹出图5-18所示的对话框。其中，各项参数的说明如下。

● 模式：用于指定合并后图像的颜色模式。

● 通道：用于输入合并通道的数目。

3）单击"确定"按钮，弹出如图5-19所示的对话框。在该对话框中，可以分别为红、绿、蓝三原色通道选定各自的源文件。注意三者之间不能有相同的选择，并且如果三原色选定的源文件不同，会直接关系到合并后的图像效果。单击"确定"按钮，即可完成合并通道的操作。

图5-18　"合并通道"对话框

图5-19　"合并RGB通道"对话框

5.5　通道计算和应用图像

使用通道"计算"和"应用图像"命令，可以将图像内部和图像之间的通道组合成新图像。这些命令提供了图层面板中没有的两个附加混合模式，即"添加"和"减去"。尽管通过将通道复制到图层面板的图层中可以创建通道的新组合，但采用"计算"命令来混合通道信息会更迅速。

5.5.1　使用"应用图像"命令

"应用图像"命令可以将图像的图层和通道（源）与现用图像（目标）的图层和通道混合。使用"应用图像"命令的具体操作步骤如下：

1）打开配套光盘中的"随书素材及结果\应用图像1.jpg"和"应用图像2.jpg"两张像素尺寸相同的图片，如图5-20所示。

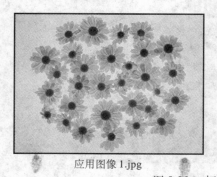

应用图像1.jpg　　　　　　　　　　　　应用图像2.jpg

图5-20　打开两张像素尺寸相同的图像

2）选择"应用图像 1.jpg"为当前图像，执行菜单中的"图像|应用图像"命令，在弹出的对话框中设置"源"为"应用图像 2.jpg"，"混合"设置为"正片叠底"，不透明度为 70%，如图 5-21 所示，单击"确定"按钮，效果如图 5-22 所示。

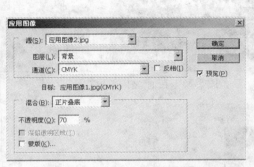

图 5-21　在"应用图像"对话框中设置参数　　　　图 5-22　设置"应用图像"后的效果

3）如果要通过蒙版应用混合，可以选中"蒙版"复选框，此时的"应用图像"对话框如图 5-23 所示。然后选择包含蒙版的图像和图层。对于"通道"，可以选择任何颜色通道或 Alpha 通道作为蒙版，单击"确定"按钮，效果如图 5-24 所示。

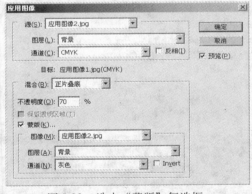

图 5-23　选中"蒙版"复选框　　　　图 5-24　使用"蒙版"后的"应用图像"效果

5.5.2　使用"计算"命令

使用"计算"命令可以混合两个来自一个或多个源图像的单个通道，然后将结果应用到新图像、新通道，或现用图像的选区中。使用"计算"的具体操作步骤如下：

1）打开配套光盘中的"随书素材及结果\计算.jpg"图片，如图 5-25 所示。

2）新建一个通道，然后输入文字"自然风光"，如图 5-26 所示。

3）执行菜单中的"滤镜|模糊|高斯模糊"命令，在弹出的"高斯模糊"对话框中设置如图 5-27 所示，单击"确定"按钮。

4）执行菜单中的"滤镜|风格化|浮雕效果"命令，在弹出的对话框中设置参数，如图 5-28 所示，单击"确定"按钮，效果如图 5-29 所示。

图 5-25　打开图像

图 5-26　在通道中输入文字

图 5-27　设置"高斯模糊"参数

图 5-28　设置"浮雕效果"参数

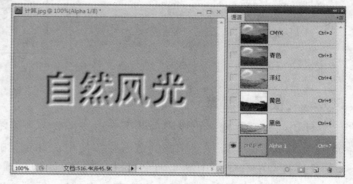

图 5-29　浮雕效果

　　5）执行菜单中的"图像|计算"命令，在弹出的对话框中设置参数，如图 5-30 所示，单击"确定"按钮，效果如图 5-31 所示。

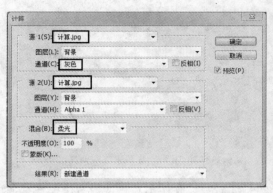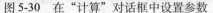

图 5-30　在"计算"对话框中设置参数　　　　图 5-31　设置"计算"后的效果

5.6　蒙版的产生和编辑

蒙版是用来保护被遮盖的区域，让被遮盖的区域不受任何编辑操作的影响。蒙版与选取范围的功能是相同的，两者之间可以互相转换，但它们本质上有区别。选取范围是一个透明无色的虚框，在图像中只能看出它的虚框形状，不能看出经过羽化边缘后的选取范围效果。而蒙版则是以一个实实在在的形状出现在通道面板中，可以对它进行修改和编辑（如选择滤镜功能、旋转和变形等），然后转换为选取范围应用到图像上。事实上，蒙版是一个灰色图像，在通道中将有颜色的区域设为遮盖的区域时，白色的区域即为透明的区域（即图像的选取范围），而灰色的区域则是半透明区域。

5.6.1　蒙版的产生

在 Photoshop CS4 中蒙版的应用非常广泛，产生蒙版的方法也很多。通常有以下几种方法。

● 单击通道面板下方的 ▣（将选区存储为通道）按钮，将选取范围转换为蒙版。

● 利用通道面板，先建立一个 Alpha 通道，然后利用绘图工具或其他编辑工具，在该通道上编辑也可以产生一个蒙版。

● 利用图层蒙版功能，可在通道面板中产生一个蒙版，具体请参考"4.4.7 图层蒙版"。

● 使用工具箱中的快速蒙版功能产生一个快速蒙版。

5.6.2　快速蒙版

利用快速蒙版，可以快速地将一个选取范围变成一个蒙版，然后对这个蒙版进行修改和编辑，以完成精确的选取范围，此后再转换为选区范围使用。应用快速蒙版的具体操作步骤如下：

1）打开配套光盘中的"随书素材及结果\快速蒙版.jpg"图片，如图 5-32 所示。

2）利用工具箱中的 ▨（魔棒工具）选取画笔，会发现笔尖部分由于和阴影颜色十分接近，很难选取，如图 5-33 所示。此时，可以单击工具箱中的 ▣（以快速蒙版模式编辑）按钮（快捷键〈Q〉），进入快速蒙版状态。

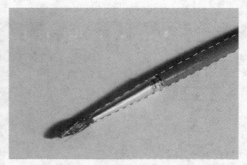

图 5-32 打开图片　　　　　　　　　　图 5-33 使用"魔棒工具"选取后的效果

3）此时通道中会产生一个临时蒙版，如图 5-34 所示。其作用与将选取范围保存到通道中相同，只不过它是临时的蒙版，一旦单击 （以标准模式编辑）按钮，快速蒙版就会马上消失。

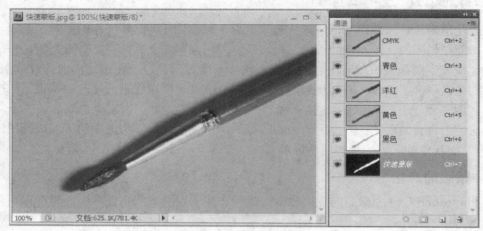

图 5-34 快速蒙版

4）在快速蒙版状态下，设置前景色为白色，利用工具箱中的 ⟋（画笔工具）在笔尖部分进行涂抹，从而将在 ⟋（魔棒工具）情况下不易选取的笔尖部分进行选取，如图 5-35 所示。

5）单击 ▣（以标准模式编辑）按钮，效果如图 5-36 所示。

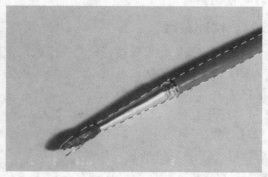

图 5-35 利用 ⟋（画笔工具）涂抹笔尖部分　　　　图 5-36 标准模式下的状态

5.7　实例讲解

本节将通过3个实例对 Photoshop CS4 通道与蒙版的相关知识进行具体应用，旨在帮助读者能够举一反三，快速掌握通道和蒙版的相关知识。

5.7.1　制作边缘效果文字

　要点：

本例将利用通道制作边缘效果文字，如图 5-37 所示。通过本例的学习，应掌握利用 Alpha 通道制作特效文字的方法。

图 5-37　边缘效果

　操作步骤：

1）执行菜单中的"文件|新建"命令，在弹出的对话框中设置参数，如图 5-38 所示，然后单击"确定"按钮，从而新建一个图像文件。

2）确定前景色为红色，背景色为白色，执行菜单中的"滤镜|渲染|云彩"命令，效果如图 5-39 所示。

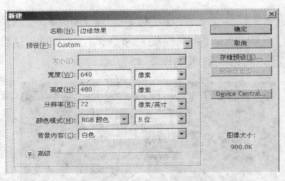

图 5-38　设置新建文件参数

图 5-39　云彩效果

3）进入通道面板，单击通道面板下方的 （创建新通道）按钮，新建一个名称为"Alpha1"的通道，效果如图 5-40 所示。

4）选择工具箱上的 （横排文字蒙版工具），在图像文件上输入文字"天"（字体为隶书，字号 500 点），效果如图 5-41 所示。

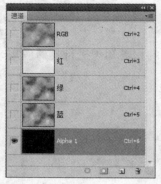

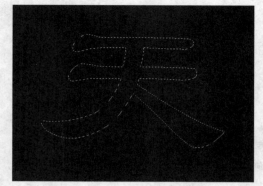

图 5-40　新建 Alpha1 通道　　　　图 5-41　利用"横排文字蒙版工具"输入文字"天"

5）右键单击，从弹出的快捷菜单中选择"描边"命令，在弹出的对话框中设置参数，如图 5-42 所示，然后单击"确定"按钮，效果如图 5-43 所示。

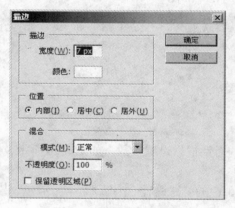

图 5-42　"描边"对话框　　　　　　　图 5-43　"描边"效果

6）拖动"Alpha1"通道到 □（创建新通道）按钮上，从而复制 1 产生"Alpha 2"通道。

7）在"Alpha2"通道上执行菜单中的"滤镜|模糊|高斯模糊"命令，在弹出的对话框中设置参数，如图 5-44 所示，然后单击"确定"按钮，效果如图 5-45 所示。

图 5-44　设置"高斯模糊"参数　　　　图 5-45　"高斯模糊"效果

8）执行菜单中的"滤镜 | 风格化 | 浮雕效果"命令，在弹出的对话框中设置参数，如图 5-46 所示，然后单击"确定"按钮，效果如图 5-47 所示。

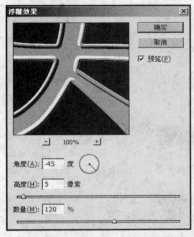

图 5-46　设置"浮雕效果"参数　　　　　　　图 5-47　浮雕效果

9）执行菜单中的"选择 | 修改 | 扩展"命令，在弹出的对话框中设置参数，如图 5-48 所示，然后单击"确定"按钮，效果如图 5-49 所示。

图 5-48　设置"扩展选区"参数　　　　　　　图 5-49　"扩展选区"后的效果

10）执行菜单中的"选择 | 存储选区"命令，在弹出的对话框中设置参数，如图 5-50 所示，然后单击"确定"按钮，从而产生"Alpha 3"通道，效果如图 5-51 所示。

11）切换到 RGB 通道中，如图 5-52 所示。

12）执行菜单中的"选择 | 载入选区"命令，在弹出的对话框中设置参数，如图 5-53 所示，然后单击"确定"按钮，效果如图 5-54 所示。

13）执行菜单中的"选择 | 反向"命令（快捷键〈Ctlr+Shift+I〉），然后用白色填充选区，如图 5-55 所示。接着按快捷键〈Ctrl+D〉，取消选区。

14）同理，载入"Alpha 2"选区，效果如图 5-56 所示。

图 5-50　设置"存储选区"参数

图 5-51　产生 Alpha 通道

图 5-52　选择 RGB 通道

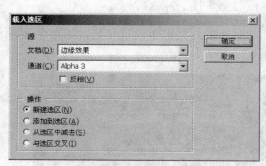

图 5-53　设置"载入选区"参数

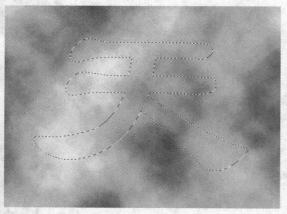

图 5-54　载入选区后的效果

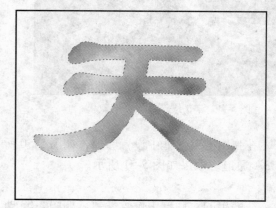

图 5-55　用白色填充文字以外部分

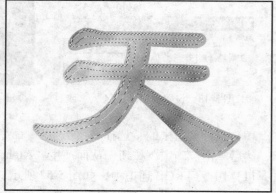

图 5-56　载入"Alpha 2"选区

15）按〈Delete〉键，效果如图 5-57 所示。

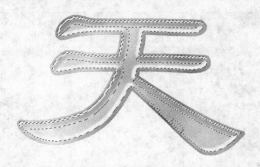

图 5-57　删除 Alpha2 选区后的效果

5.7.2　制作木板雕花效果

要点：

　　本例将制作印第安头像在木板上的雕花效果，如图 5-58 所示。通过本例的学习，应掌握在 Photoshop 中置入 Illustrator 文件的方法，以及应用图像的使用方法。

原图　　　　　　　　　　印第安头像　　　　　　　　　结果图

图 5-58　木版雕花效果

　操作步骤：

　　1）打开配套光盘中的"随书素材及结果 \5.7.2 制作木板雕花效果 \ 原图.jpg"文件，如图 5-58 所示。

　　2）单击通道面板上的▣（创建新通道）按钮，建立一个新的 Alpha1 通道，如图 5-59 所示。

　　3）执行菜单中的"文件 | 打开"命令，打开配套光盘中的"随书素材及结果 \5.7.2 制作木板雕花效果\印第安头像.ai"文件，然后在弹出的如图 5-60 所示的对话框中单击"确定"按钮，效果如图 5-61 所示。接着执行菜单中的"图像 | 调整 | 反相"命令（快捷键〈Ctrl+I〉），对图像进行反相处理，效果如图 5-62 所示。

　　4）执行菜单中的"编辑 | 全选"命令，全选反相后的图像。然后执行菜单中的"编辑 | 复制"命令，对其进行复制。接着利用工具箱中的▣（移动工具）将其拖入到新建的 Alpha1 通道中，并进行适当缩放，效果如图 5-63 所示。

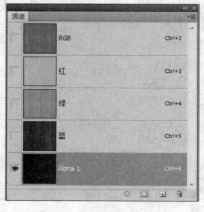

图 5-59　新建 Alpha1 通道

图 5-60　木版雕花效果

图 5-61　置入图像

图 5-62　反相效果

图 5-63　将反相后的图像拖入到 Alpha1 通道中并进行适当缩放的效果

5) 对头像进行模糊处理。执行菜单中的"滤镜 | 模糊 | 高斯模糊"命令，在弹出的对话框中设置参数，如图 5-64 所示，然后单击"确定"按钮，效果如图 5-65 所示。

6) 执行菜单中的"滤镜 | 风格化 | 浮雕效果"命令，然后在弹出的对话框中设置参数，如图 5-66 所示，单击"确定"按钮，效果如图 5-67 所示。

图 5-64　设置"高斯模糊"参数

图 5-65　高斯模糊效果

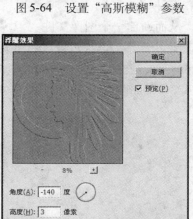

图 5-66　设置"浮雕效果"参数

图 5-67　浮雕效果

7）切换到 RGB 通道中，执行菜单中的"图像|应用图像"命令，在弹出的对话框中设置参数，如图 5-68 所示，单击"确定"按钮，效果如图 5-69 所示。

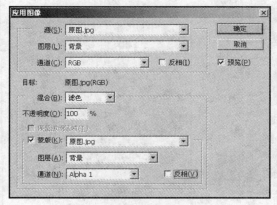

图 5-68　设置"应用图像"参数

图 5-69　应用图像后的效果

5.7.3 制作立体文字效果

要点：

本例将制作一种立体文字效果，如图5-70所示。通过本例的学习，应掌握Alpha通道在实际中的应用。

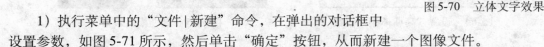

图 5-70　立体文字效果

操作步骤：

1．制作背景

1）执行菜单中的"文件|新建"命令，在弹出的对话框中设置参数，如图5-71所示，然后单击"确定"按钮，从而新建一个图像文件。

2）选择工具箱上的 （画笔工具），然后在工具选项栏中激活 （经过设置启用喷枪功能）按钮，设置笔头为 ，接着分别用紫色（RGB（150，60，255））、蓝色（RGB（55，160，255））和浅蓝色（RGB（180，255，245））处理画面，效果如图所示5-72所示。

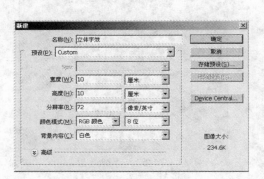

图 5-71　设置新建参数

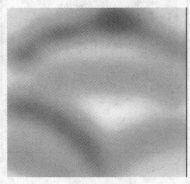

图 5-72　用画笔工具绘制画面

3）执行菜单中的"滤镜|扭曲|海洋波纹"命令，在弹出的对话框中设置参数如图5-73所示，然后单击"确定"按钮，效果如图5-74所示。

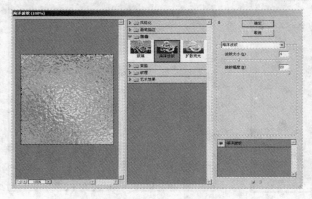

图 5-73　设置"海洋波纹"参数

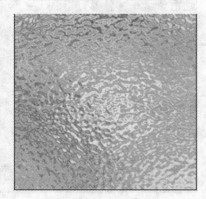

图 5-74　海洋波纹效果

2．制作文字通道特效

1）选择工具箱上的 （横排文本蒙版工具），在图像文件上输入文字"ABC"，字体为 Arial Black，然后执行菜单中的"选择|保存选区"命令，在弹出的对话框中单击"确定"按钮，从而产生一个名称为"Alpha 1"的通道，如图 5-75 所示。

2）拖动 Alpha 1 通道到通道面板下的 （创建新通道）按钮上，从而产生"Alpha 1 副本"通道，如图 5-76 所示。

3）向右下方移动选区用黑色填充，然后将"Alpha 1"载入"Alpha 1 副本"，其效果如图 5-77 所示。

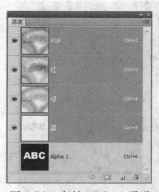 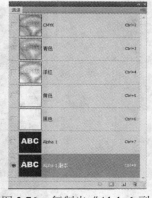 

图 5-75　存储 Alpha 1 通道　　图 5-76　复制出"Alpha1 副本　　图 5-77　载入"Alpha 1 副本"

4）执行菜单中的"滤镜|模糊|高斯模糊"命令，在弹出的对话框中设置参数，如图 5-78 所示，然后单击"确定"按钮，效果如图 5-79 所示，从而使文字产生模糊效果。

图 5-78　设置"高斯模糊"参数　　　　　图 5-79　高斯模糊效果

5）执行菜单中的"图像|调整|亮度/对比度"命令，在弹出的对话框中设置参数，如图 5-80 所示，然后单击"确定"按钮，效果如图 5-81 所示，从而提高选区的亮度/对比度。

6）制作文字的凹凸效果。执行菜单中的"图像|调整|曲线"命令，在弹出的对话框中设置参数，如图 5-82 所示，然后单击"确定"按钮，效果如图 5-83 所示。

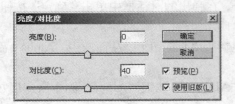

图 5-80　设置"亮度／对比度"参数

图 5-81　调整"亮度／对比度"后的效果

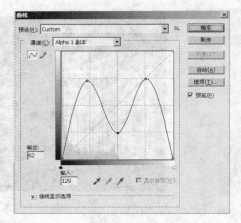

图 5-82　设置"曲线"参数

图 5-83　调整"曲线"后的效果

7）复制"Alpha 1"产生"Alpha 1 副本 2"，然后执行菜单中的"滤镜｜模糊｜高斯模糊"命令，在弹出的对话框中设置参数，如图 5-84 所示，然后单击"确定"按钮，效果如图 5-85所示。

图 5-84　设置"高斯模糊"参数

图 5-85　"高斯模糊"效果

8）将颜色反相。执行菜单中的"图像｜调整｜反相"命令，效果如图 5-86 所示。

9）执行菜单中的"图像｜调整｜亮度／对比度"命令，在弹出的对话框中设置参数，如图5-87 所示，然后单击"确定"按钮，效果如图 5-88 所示。此时通道面板如图 5-89 所示。

图 5-86　反相效果

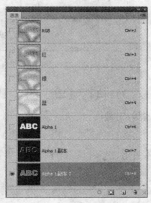

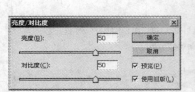
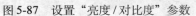

图 5-87　设置"亮度/对比度"参数　　　图 5-88　亮度/对比度效果　　　图 5-89　通道面板

10）复制"Alpha 1 副本"通道产生"Alpha 1 副本 3"通道，如图 5-90 所示，然后将选区向左上方移动用黑色填充，效果如图 5-91 所示。

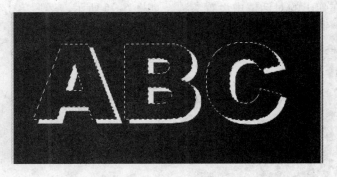

图 5-90　复制出"Alpha 1 副本 3"通道　　　图 5-91　向左上方移动选区并用黑色填充

3．将 Alpha 通道中制作的效果应用到图像上

1）切换到 RGB 通道中，如图 5-92 所示。

2）执行菜单中的"选择|载入选区"命令，在弹出的对话框中设置参数，如图 5-93 所示，然后单击"确定"按钮，将"Alpha 1 副本"选区载入。

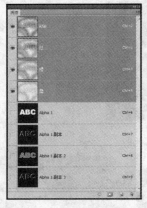

图 5-92　回到 RGB 通道

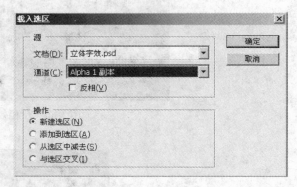

图 5-93　载入"Alpha 1 副本"选区

3）执行菜单中的"图像|调整|亮度/对比度"命令，在弹出的对话框中设置参数，如图 5-94 所示，然后单击"确定"按钮。

4）同理，将"Alpha 1 副本 2"载入，执行菜单中的"图像|调整|亮度/对比度"命令，在弹出的对话框中设置参数，如图 5-95 所示，然后单击"确定"按钮。

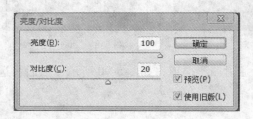

图 5-94　设置"Alpha 1 副本 1"的"亮度/对比度"

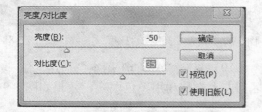

图 5-95　设置"Alpha 1 副本 2"的"亮度/对比度"

5）同理，将"Alpha 1 副本 3"载入，执行菜单中的"图像|调整|亮度/对比度"命令，在弹出的对话框中设置参数，如图 5-95 所示，然后单击"确定"按钮。

6）此时效果如图 5-96 所示。为了美观，可执行菜单中的"滤镜|渲染|镜头光晕"命令，在弹出的对话框中设置参数，如图 5-97 所示，然后单击"确定"按钮，最终效果如图 5-98 所示。

图 5-96　调整"亮度/对比度"效果

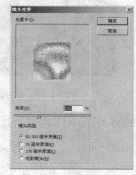

图 5-97　设置"镜头光晕"参数

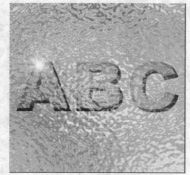

图 5-98　"镜头光晕"效果

5.8　课后练习

1．填空题

（1）通道可以分为 _____、_____ 和 _____3 种。

（2）如果已经有一个 Alpha 选区，执行菜单中的"选择|载入选区"命令后，将出现 _____、_____、_____ 和 _____4 个选项可供选择。

（3）按住键盘上的 _____ 键的同时单击通道，可以直接载入该通道所保存的选区；如果按住键盘上的 _____ 键的同时单击通道，可在当前选区中添加该通道所保存的选区；如果按住键盘上的 _____ 键的同时单击通道，可以在当前选区中减去该通道所保存的选区；如果按住键盘上的 _____ 键的同时单击通道，可以得到当前选区与该通道所保存的选区相重叠的选区。

2．选择题

（1）启动快速蒙版的快捷键是 _____。

A．Q　　　　　B．K　　　　　C．D　　　　　D．X

（2）按住 _____ 键，单击通道面板下方的 ⊡（创建新通道）按钮，即可弹出一个"新建通道"的对话框。

A．Ctrl　　　　B．Shift　　　　C．Alt　　　　D．Ctrl+Shift

3．问答题／上机题

（1）简述 Alpha 通道的使用方法。

（2）练习 1：制作图 5-99 所示的金属字效果。

（3）练习 2：利用配套光盘中的"课后练习\5.8 课后练习\练习 2\原图.jpg"图片，制作出如图 5-100 所示的木板雕花效果。

图 5-99　金属文字效果

图 5-100　木板雕花效果

第6章　图像色彩和色调调整

本章要点

调整图像颜色是 Photoshop CS4 的重要功能之一，在 Photoshop 中有十几种调整图像颜色的命令，利用它们可以对拍摄或扫描后的图像进行相应处理，从而得到所需的效果。通过本章的学习，应掌握对图像色彩和色调进行调整的方法。

本章内容包括：
- 整体色彩的快速调整
- 图像色调的精细调整
- 特殊效果的色调调整

6.1　整体色彩的快速调整

当需要处理的图像要求不是很高时，运用"亮度/对比度"、"自动色阶"、"自动颜色"和"变化"等命令可以对图像的色彩或色调进行快速而简单的总体调整。

6.1.1　亮度/对比度

使用"亮度/对比度"命令，可以简便、直观地完成图像亮度和对比度的调整。其调整图像色调的具体操作步骤如下：

1）打开配套光盘中的"随书素材及结果\亮度对比度.jpg"图片，如图 6-1 所示。

2）执行菜单中的"图像|调整|亮度/对比度"命令，弹出如图 6-2 所示的对话框。

图 6-1　原图

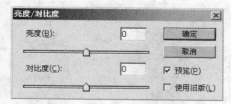

图 6-2　"亮度/对比度"对话框

3）在该对话框中将亮度滑块向右移动会增加色调值并扩展图像高光，而将亮度滑块向左移动会减少值并扩展阴影；拖动对比度滑块可扩展或收缩图像中色调值的总体范围。

4）未选中"使用旧版"复选框，则执行"亮度/对比度"会与"色阶"和"曲线"调整一样，按比例（非线性）调整图像像素；如果选中"使用旧版"复选框，在调整亮度时只是简单地增大或减小所有像素值，由于这样会导致修剪或丢失高光（或阴影）区域中的图像细节，因此对于高端输出，建议不要选中"使用旧版"复选框。

5）此时设置参数，如图 6-3 所示，单击"确定"按钮，效果如图 6-4 所示。

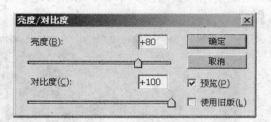

图 6-3　调整"亮度/对比度"参数　　　　　图 6-4　调整"亮度/对比度"参数后的效果

6.1.2　变化

使用"变化"命令，可以直观地调整图像或选区的色相、亮度和饱和度。其调整图像色彩的具体操作步骤如下：

1）打开配套光盘中的"随书素材及结果\变化.jpg"图片，如图 6-5 所示。

2）执行菜单中的"图像|调整|变化"命令，弹出如图 6-6 所示的对话框。

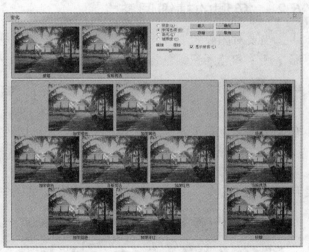

图 6-5　原图.jpg　　　　　　　　图 6-6　"变化"对话框

该对话框中主要选项的含义如下。

● 原稿、当前挑选：在第一次弹出该对话框时，这两个图像显示完全相同；经过调整后，"当前挑选"缩略图显示为调整后的状态。

● 较亮、当前挑选、较暗：分别单击"较亮"和"较暗"缩略图，可以增亮或加暗图像，"当前挑选"缩略图显示为当前调整后的状态。

- 阴影、中间色调、高光和饱和度：选中对应的单选按钮，可分别调整图像中该区域的阴影、色相、亮度和饱和度。
- 精细/粗糙：拖动该滑块可以确定每次调整的数量，将滑块向右侧移动一格，可使调整度双倍增加。
- 调整色相：该对话框左下方有7个缩略图，中间的"当前挑选"缩略图与左上方的"当前挑选"缩略图的作用相同，用于显示调整后的图像效果。其余6个缩略图分别用来改变图像的6种颜色，单击其中任意一个缩略图，均可增加与该缩略图对应的颜色。如单击"加深红色"缩略图，可使图像在一定程度上增加红色，根据需要可以单击多次，从而得到适当的效果。

- "存储、载入：单击"存储"按钮，可以将该对话框的设置保存为一个"*.AVA"文件，如果在以后的工作中遇到需要做同样设置的图像，可以在该对话框中单击"载入"按钮，调出该文件，从而设置该对话框。

3）设置完毕后，单击"确定"按钮，效果如图6-7所示。

图6-7　多次单击"加深红色"后的效果

6.2　色调的精细调整

当要对图像的细节、局部进行精确的色彩和色调调整时，可以使用"色阶"、"曲线"、"色彩平衡"和"匹配颜色"等命令来完成。

6.2.1　色阶

使用"色阶"命令，可以通过调整图像的暗调、中间调和高光等强度级别，校正图像的色调范围和色彩平衡。其调整图像色调的具体操作步骤如下：

1）打开配套光盘中的"随书素材及结果 \ 色阶.jpg"图片，如图6-8所示。

2）执行菜单中的"图像|调整|色阶"命令（快捷键〈Ctrl+L〉），弹出如图6-9所示的对话框。

图6-8　色阶.jpg

图6-9　"色阶"对话框

该对话框中主要选项的含义如下。

- 通道：在该下拉列表中，用于选定要进行色调调整的通道。如果选中"RGB"，则色调调整将对所有通道起作用；如果只选中"R"、"G"、"B"通道中的单一通道，则"色阶"命令将只对当前选中的通道起作用。
- 输入色阶：在"输入色阶"后面有 3 个文本框，分别对应通道的暗调、中间调和高光。这 3 个文本框分别与其下方直方图上的 3 个小三角形滑块一一对应，分别拖动 3 个滑块可以很方便地调整图像暗调、中间调和亮部色调。缩小"输入色阶"的范围可以提高图像的对比度。
- 输出色阶：使用"输入色阶"可以限定处理后图像的亮度范围。缩小"输出色阶"的范围会降低图像的对比度。
- 吸管工具：该对话框右下角从左到右依次为 ![黑场吸管] (设置黑场)、![灰点吸管] (设置灰点) 和 ![白场吸管] (设置白场)。选择其中任何一个吸管，然后将鼠标指针移到图像窗口中，鼠标指针变成相应的吸管形状，此时单击即可进行色调调整。选择 ![黑场吸管] (设置黑场) 后在图像中单击，图像中所有像素的亮度值将减去吸管单击处的像素亮度值，从而使图像变暗。![白场吸管] (设置白场) 与 ![黑场吸管] (设置黑场) 相反，Photoshop CS4 将所有的像素的亮度值加上吸管单击处的像素的亮度值，从而提高图像的亮度。![灰点吸管] (设置灰点) 所选中的像素的亮度值用来调整图像的色调分布。
- 自动：单击"自动"按钮，将以所设置的自动校正选项对图像进行调整。
- 存储：单击"存储"按钮，可以将当前所做的色阶调整保存起来。
- 载入：单击"载入"按钮，可以载入以前的色阶调整。

3）设置"输入色阶"的 3 个值分别为 30，1.00，180，如图 6-10 所示，单击"确定"按钮，效果如图 6-11 所示。

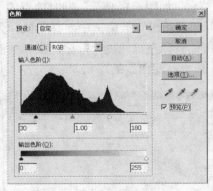

图 6-10　调整"色阶"参数

图 6-11　调整"色阶"参数后的效果

6.2.2　曲线

"曲线"命令是使用非常广泛的色调控制方式。它的功能和"色阶"命令相同，只不过它比"色阶"命令可以做更多、更精密的设置。"色阶"命令只是用 3 个变量（高光、暗调、中间调）进行调整，而"曲线"命令可以调整 0~255 范围内的任意点，最多可同时使用 16 个变量。

使用"曲线"命令调整图像色调的具体操作步骤如下：

1）打开配套光盘中的"随书素材及结果\曲线.jpg"图片，如图6-12所示。

2）执行菜单中的"图像|调整|曲线"命令（快捷键〈Ctrl+M〉），弹出如图6-13所示的对话框。

图6-12　原图

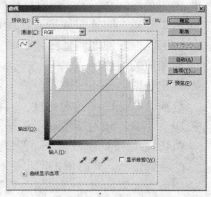

图6-13　"曲线"对话框

该对话框中主要选项的含义如下。

● 坐标轴：坐标轴中的X轴代表图像调整前的色阶，从左到右分别代表图像从最暗区域到最亮区域的各个部分，Y轴代表图像调整后的色阶，从上到下分别代表改变后图像从最暗区域到最亮区域的各个部分。在未做编辑前图像中显示一条45°的直线，即输入值与输出值相同。

● ～（编辑点以修改曲线）：通过该按钮，可以添加控制点以控制曲线的形状。激活该按钮，就可以通过在曲线上添加控制点来改变曲线的形状。移动鼠标指针到曲线上方，此时鼠标指针呈"+"形状，单击即可产生一个节点，如图6-14所示，同时该点的"输入/输出"值将显示在对话框左下角的"输入"和"输出"数值框中。移动鼠标到节点上方，当鼠标指针呈双向十字箭头形状时，按住鼠标左键并拖动鼠标，或者按键盘上的方向键，即可移动节点，如图6-15所示，从而改变曲线的形状。

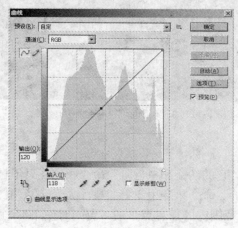

图6-14　添加节点

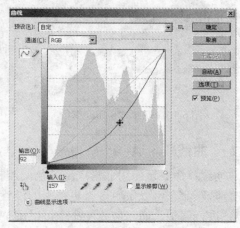

图6-15　移动节点

- 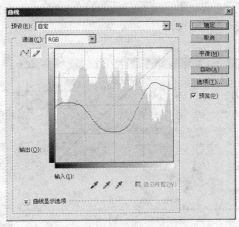（通过绘制来修改曲线）：通过该按钮，可直接在该对话框的编辑区中手动绘制自由线型的曲线形状。激活该按钮，然后移动鼠标指针到网格中按住鼠标左键绘制即可，如图 6-16 所示。此时绘制的曲线不平滑，单击"平滑"按钮，可使曲线自动变平滑，如图 6-17 所示。

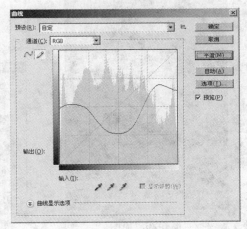

图 6-16　绘制曲线形状　　　　　　　　　　图 6-17　平滑曲线

- （在图像中取样以设置黑场、灰场、白场）：单击 按钮后在图像中单击，即可将该点设置为图像的黑场；单击 按钮后在图像中单击，即可将该点设置为图像的灰场；单击 按钮后在图像中单击，即可将该点设置为图像的白场。

3）此时设置参数，如图 6-18 所示，单击"确定"按钮，效果如图 6-19 所示。

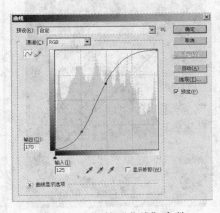

图 6-18　调整"曲线"参数　　　　　　　图 6-19　调整"曲线"参数后的效果

6.2.3　色彩平衡

使用"色彩平衡"命令会在彩色图像中改变颜色的混合，从而使整体图像的色彩平衡。其"色彩平衡"命令调整图像色彩的具体操作步骤如下：

1）打开配套光盘中的"随书素材及结果\色彩平衡.jpg"图片，如图 6-20 所示。

2）执行菜单中的"图像 | 调整 | 色彩平衡"命令，弹出如图 6-21 所示的"色彩平衡"对

话框。在该对话框中包含 3 个滑块，分别对应"色阶"右侧的 3 个文本框，拖动滑块或者直接在文本框中输入数值都可以调整色彩。3 个滑块的变化范围均为 -100~+100。

图 6-20 原图

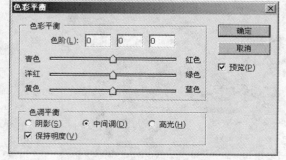

图 6-21 "色彩平衡"对话框

3）选择"中间调"单选按钮，调整滑块的位置，如图 6-22 所示，效果如图 6-23 所示。

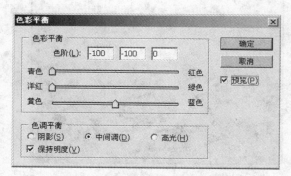

图 6-22 设置"中间调"参数

图 6-23 调整"色彩平衡"参数后的效果

4）选择"高光"单选按钮，调整 3 个滑块的位置，如图 6-24 所示，单击"确定"按钮，效果如图 6-25 所示。

提示：如果选中"保持亮度"复选框，则可以保持图像的亮度不变，而只改变颜色。

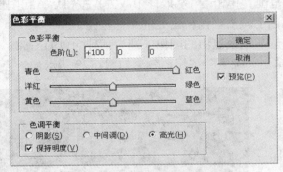

图 6-24　设置"高光"参数　　　　　图 6-25　调整"色彩平衡"参数后的效果

6.2.4　色相/饱和度

"色相/饱和度"命令主要用于改变像素的色相及饱和度，而且通过给像素指定新的色相和饱和度，可以实现给灰度图像添加色彩的功能。在 Photoshop CS4 中，还可以存储和载入"色相/饱和度"的设置，以供其他图像重复使用。

使用"色相/饱和度"命令调整图像色彩的具体操作步骤如下：

1）打开配套光盘中的"随书素材及结果\色相饱和度.jpg"图片，如图 6-26 所示。

2）执行菜单中的"图像|调整|色相/饱和度"命令（快捷键〈Ctrl+U〉），弹出如图 6-27 所示的对话框。

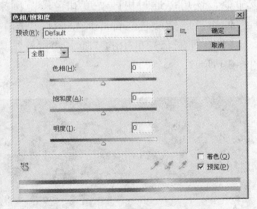

图 6-26　原图　　　　　　　　　图 6-27　"色相/饱和度"对话框

该对话框中主要选项的含义如下。

● 编辑：用于选择调整颜色的范围，包括"全图"、"红色"、"黄色"和"绿色"等多个选项。

● 色相/饱和度/亮度：按住鼠标左键拖动"色相"（范围为 –180~+180）、"饱和度"（范围为 –100~+100）和"明度"（范围为 –100~+100）的滑块，或在其数值框中输入数值，可以分别控制图像的色相、饱和度和明度。

- 吸管：单击 ✐（吸管工具）按钮后，在图像中单击鼠标左键，可选定一种颜色作为调整的范围；单击 ✐（添加到取样）按钮后，在图像中单击鼠标左键，可以在原有颜色变化范围上添加当前单击处的颜色范围；单击 ✐（从取样中减去）按钮后，在图像中单击鼠标，可以在原有颜色变化范围上减去当前单击处的颜色范围。
- 着色：选中该复选框后，可以将一幅灰色或黑白的图像处理为某种颜色的图像。

3）此时设置的参数如图 6-28 所示，单击"确定"按钮，效果如图 6-29 所示。

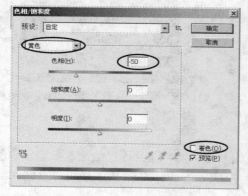

图 6-28　设置"色相/饱和度"参数

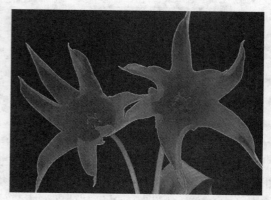

图 6-29　调整"色相/饱和度"参数后的效果

6.2.5　匹配颜色

"匹配颜色"用于匹配不同图像、多个图层或者多个颜色选区之间的颜色，即将源图像的颜色匹配到目标图像上，使目标图像虽然保持原来的画面，却有与源图像相似的色调。使用该命令，还可以通过更改亮度和色彩范围来调整图像中的颜色。

使用"匹配颜色"命令调整图像色彩的具体操作步骤如下：

1）打开配套光盘中的"随书素材及结果\匹配颜色 1.jpg"和"匹配颜色 2"两幅图片，如图 6-30 所示。

匹配颜色 1

匹配颜色 2

图 6-30　打开图片

2）执行菜单中的"图像|调整|匹配颜色"命令，弹出如图 6-31 所示的对话框。

该对话框中主要选项的含义如下。

- 明亮度：用于增加或降低目标图像的亮度。取值范围为 1~200，最小值为 1，默认值为 100。
- 颜色强度：用于调整目标图层中颜色像素值的范围。最大值为 200，最小值为 1（灰度图像），默认值为 100。
- 渐隐：用于控制图像的调整量。向右拖动滑块可增大调整量，该数值越大，则得到的图像越接近于颜色区域前后的效果；反之，匹配的效果越明显。

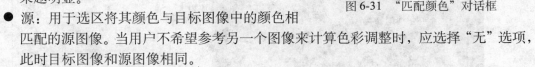

图 6-31　"匹配颜色"对话框

- 源：用于选区将其颜色与目标图像中的颜色相匹配的源图像。当用户不希望参考另一个图像来计算色彩调整时，应选择"无"选项，此时目标图像和源图像相同。
- 图层：用于选择当前选择图像的图层。
- 应用调整时忽略选区：如果在当前操作图像中存在选区，选中该复选框后，可以忽略选区对于操作的影响。
- 使用源选区计算颜色：选中该复选框后，在匹配颜色时仅计算源文件选区中的图像，选区之外图像的颜色不在计算之内。
- 使用目标选区计算调整：选中该复选框后，在匹配颜色时仅计算目标文件选区中的图像，选取之外图形的颜色不在计算之内。

3）此时设置参数，如图 6-32 所示，单击"确定"按钮，效果如图 6-33 所示。

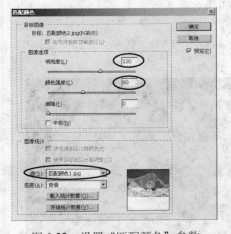

图 6-32　设置"匹配颜色"参数

图 6-33　调整"匹配颜色"参数后的效果

6.2.6　替换颜色

"替换颜色"命令允许先选定图像中的某种颜色，然后改变它的色相、饱和度和亮度值。

它相当于执行菜单中的"选择 | 色彩范围"命令再加上"色相 / 饱和度"命令的功能。

使用"替换颜色"命令调整图像色彩的具体操作步骤如下：

1）打开配套光盘中的"随书素材及结果 \ 替换颜色.jpg"图片，如图 6-34 所示。

2）执行菜单中的"图像 | 调整 | 替换颜色"命令，弹出如图 6-35 所示的对话框。在该对话框中，可以选择是预览"选区"或是"图像"。

图 6-34　原图

图 6-35　"替换颜色"对话框

3）选取 🖊（吸管工具），在图像中单击花瓣主体位置，确定选区范围。然后选取 🖊（添加到取样），在花瓣边缘增加当前的颜色；选取 🖊（从取样中减去），在取样区域减少当前的颜色。

4）拖动"颜色容差"滑块可调整选区的大小。容差越大，选取的范围越大，此时设置"颜色容差"为 75。然后在"替换"选项组中，调整所选中颜色的"色相"、"饱和度"和"亮度"，如图 6-36 所示，单击"确定"按钮，效果如图 6-37 所示。

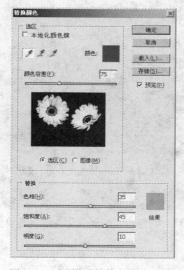

图 6-36　调整"替换颜色"参数

图 6-37　调整"替换颜色"参数后的效果

6.2.7　可选颜色

"可选颜色"命令可校正不平衡的色彩和调整颜色，它是高端扫描仪和分色程序使用的一项技术，在图像中的每个原色中添加和减少 CMYK 印刷色的量。

使用"可选颜色"命令调整图像色彩的具体操作步骤如下：

1）打开配套光盘中的"素材及结果 \ 可选颜色.jpg"图片，如图 6-38 所示。

2）执行菜单中的"图像 | 调整 | 可选颜色"命令，弹出如图 6-39 所示的对话框。在该对话框中，可以调整在"颜色"下拉列表中设置的颜色，有针对性的选择红色、绿色、蓝色、青色、洋红色、黄色、黑色、白色和中性色进行调整。

图 6-38　可选颜色.jpg

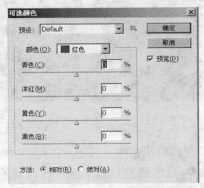

图 6-39　"可选颜色"对话框

3）此时选择"黄色"，然后调整滑块的位置如图 6-40 所示，单击"确定"按钮，效果如图 6-41 所示。

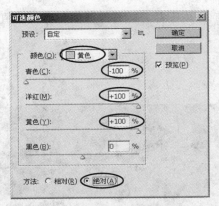

图 6-40　调整"可选颜色"参数

图 6-41　调整"可选颜色"参数后的效果

6.2.8　通道混合器

"通道混合器"命令可以通过从每个颜色通道中选取它所占的百分比来创建高品质的灰度图像，还可以创建高品质的棕褐色调或其他彩色图像。它使用图像中现有（源）颜色通道的混合来修改目标（输出）颜色通道。使用"通道混合器"命令可以通过源通道向目标通道加减灰度数据。

使用"通道混合器"命令调整图像色彩的具体操作步骤如下：

1）打开配套光盘中的"随书素材及结果\通道混合器.jpg"图片，如图6-42所示。

2）执行菜单中的"图像|调整|通道混合器"命令，弹出如图6-43所示的对话框。

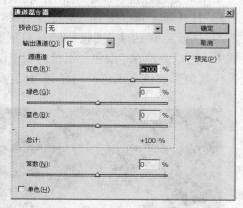

图6-42　原图　　　　　　　　　　　图6-43　"通道混合器"对话框

在该对话框中主要选项的含义如下。

● 输出通道：用于选择要设置的颜色通道。

● 源通道：拖动"红色"、"绿色"和"蓝色"滑块，可以调整各个原色的值。不论是RGB模式还是CMYK模式的图像，其调整方法都是一样的。

● 常数：拖动滑块或在数值框中输入数值（取值范围是 −200~200），可以改变当前指定通道的不透明度。

● 单色：选中该复选框后，可以将彩色图像变成灰度图像，此时图像值包含灰度值，所有色彩通道使用相同的设置。

3）此时设置参数，如图6-44所示，单击"确定"按钮，效果如图6-45所示。

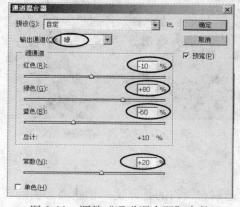

图6-44　调整"通道混合器"参数　　　　　图6-45　调整"通道混合器"参数后的效果

6.2.9 照片滤镜

"照片滤镜"命令用于模拟传统光学滤镜特效，能够使照片呈现暖色调、冷色调及其他颜色的色调。

使用"照片滤镜"命令调整图像色彩的具体操作步骤如下：

1）打开配套光盘中的"随书素材及结果 \ 照片滤镜.jpg"图片，如图 6-46 所示。

2）执行菜单中的"图像 | 调整 | 照片滤镜"命令，弹出如图 6-47 所示的对话框。

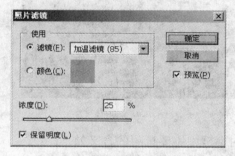

图 6-46 原图　　　　　　　　　　　图 6-47 "照片滤镜"对话框

该对话框中主要选项的含义如下。

● 滤镜：在该下拉列表中，可以选择预设的选项对图像进行调节。

● 颜色：单击该色块，在弹出的"选择滤镜颜色"对话框中可指定一种照片滤镜颜色。

● 浓度：拖动该滑块，可以设置原图像的亮度。

● 保留明度：选中该复选框，将在调整颜色的同时保留原图像的亮度。

3）此时设置参数，如图 6-48 所示，单击"确定"按钮，效果如图 6-49 所示。

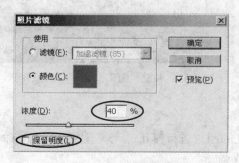

图 6-48 调整"照片滤镜"参数　　　　图 6-49 调整"照片滤镜"参数后的效果

6.2.10　阴影／高光

"阴影／高光"命令适用于由强逆光而形成剪影的照片，或者校正由于太接近相机闪光灯而有些发白的焦点。

使用"阴影／高光"命令调整图像色彩的具体操作步骤如下。

1）打开配套光盘中的"随书素材及结果\阴影高光.jpg"图片，如图 6-50 所示。

2）执行菜单中的"图像 | 调整 | 阴影／高光"命令，弹出如图 6-51 所示的对话框。

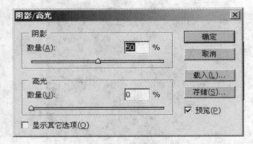

图 6-50　原图　　　　　　　　　　　图 6-51　"阴影／高光"对话框

该对话框中主要选项的含义如下。

● 阴影：拖动其下的数量滑块或在数值框中输入相应的数值，可改变暗部区域的明亮程度。

● 高光：拖动该滑块或在该数值框中输入相应的数值，即可改变高亮区域的明亮程度。

3）此时设置参数，如图 6-52 所示，单击"确定"按钮，效果如图 6-53 所示。

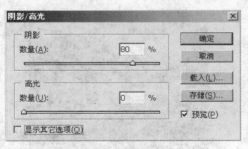

图 6-52　调整"阴影／高光"参数　　　　图 6-53　调整"阴影／高光"参数后的效果

6.2.11　曝光度

"曝光度"命令用于对曝光不足或曝光过度的照片进行修正。与"阴影／高光"命令不同的是，"曝光度"命令是对图像整体进行加亮或调暗。

使用"曝光度"命令调整图像色彩的具体操作步骤如下：

1）打开配套光盘中的"随书素材及结果\曝光度.jpg"图片，如图 6-54 所示。

2）执行菜单中的"图像 | 调整 | 曝光度"命令，弹出如图 6-55 所示的对话框。

图 6-54　原图

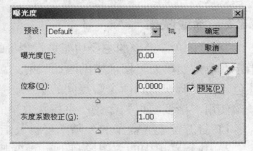

图 6-55　"曝光度"对话框

该对话框中主要选项的含义如下。

- 曝光度：拖动该滑块或在数值框中输入相应的数值，可调整图像区域的高光。
- 位移：拖动该滑块或在数值框中输入相应的数值，可使阴影和中间色调区域变暗，对高光驱的影响很轻微。
- 灰度系数校正：拖动该滑块或在数值框中输入相应的数值，可使用简单的乘方函数调整图像的灰度区域。

3）此时设置的参数如图 6-56 所示，单击"确定"按钮，效果如图 6-57 所示。

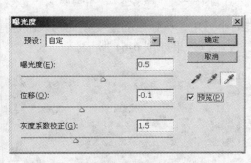

图 6-56　调整"曝光度"参数

图 6-57　调整"曝光度"参数后的效果

6.3　特殊效果的色调调整

"去色"、"渐变映射"、"反相"、"色调均化"、"阈值"和"色调分离"命令可以更改图像中的颜色或亮度值，从而产生特殊效果。但它们不用于校正颜色。

6.3.1 去色

"去色"命令的主要作用是去除图像中的饱和色彩,即将图像中所有颜色的饱和度都变为0,使图像转变为灰色色彩的图像。

与"灰度"命令将彩色图像转换成灰度图像有所不同,用"去色"命令处理后的图像不会改变颜色模式,只不过失去了图像的颜色。此外,"去色"命令可以只对图像的某一选择范围进行转换,不像"灰度"命令那样不加选择的对整个图像产生作用。

6.3.2 渐变映射

"渐变映射"命令的主要功能是将相等的图像灰度范围映射到指定的渐变填充色上。如果指定双色渐变填充,图像中的暗调映射到渐变填充的一个端点颜色,高光映射到另一个端点颜色,中间调映射到两个端点间的层次。

使用"渐变映射"命令产生特殊效果的具体操作步骤如下:

1)打开配套光盘中的"随书素材及结果\渐变映射.jpg"图片,如图 6-58 所示。

2)执行菜单中的"图像 | 调整 | 渐变映射"命令,弹出如图 6-59 所示的对话框。

图 6-58 原图

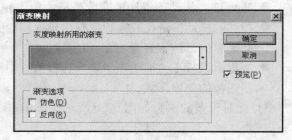

图 6-59 "渐变映射"对话框

3)单击"渐变映射"对话框中的渐变条右边的小三角,从弹出的渐变填充列表中选择相应的渐变填充色,如图 6-60 所示,单击"确定"按钮,效果如图 6-61 所示。

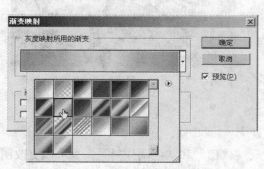

图 6-60 选择渐变填充色

图 6-61 "渐变映射"后的效果

6.3.3 反相

使用"反相"命令可以将像素颜色改变为它们的互补色，如黑变白、白变黑等，该命令是不损失图像色彩信息的变换命令。

使用"反相"命令产生特殊效果的具体操作步骤如下：

1）打开配套光盘中的"随书素材及结果\反相.jpg"图片，如图6-62所示。

2）执行菜单中的"图像|调整|反相"命令，效果如图6-63所示。

图6-62 原图   图6-63 "反相"后的效果

6.3.4 色调均化

"色调均化"命令可以重新分布图像中像素的亮度值，以便它们更均匀的呈现所有范围的亮度级。在应用此命令时，Photoshop CS4会查找复合图像中最亮和最暗的值并重新映射这些值，以使最亮的值表示白色，最暗的值表示黑色。然后，Photoshop CS4尝试对亮度进行色调均化处理，即在整个灰度范围内均匀分布中间像素值。

使用"色调均化"命令产生特殊效果的具体操作步骤如下：

1）打开配套光盘中的"随书素材及结果\色调均化.jpg"图片，如图6-64所示。

2）执行菜单中的"图像|调整|色调均化"命令，效果如图6-65所示。

图6-64 原图   图6-65 "色调均化"效果

6.3.5 阈值

使用"阈值"命令可将一幅彩色图像或灰度图像转换为只有黑白两种色调的高对比度的

黑白图像。该命令主要根据图像像素的亮度值把它们一分为二，一部分用黑色表示，另一部分用白色表示。

使用"阈值"命令产生特殊效果的具体操作步骤如下：

1）打开配套光盘中的"随书素材及结果\仙人掌.jpg"图片，如图6-66所示。

图6-66　原图

2）执行菜单中的"图像|调整|阈值"命令，弹出如图6-67所示的对话框。在该对话框"阈值色阶"文本框中输入亮度的阈值后，大于此亮度的像素会转换为白色，小于此亮度的像素会转换为黑色。

3）此时保持默认参数，单击"确定"按钮，效果如图6-68所示。

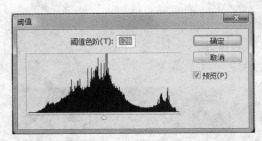

图6-67　"阈值"对话框

图6-68　"阈值"后的效果

6.3.6　色调分离

"色调分离"命令可以让用户指定图像中每个通道的色调级（或亮度值）的数目，然后将这些像素映射为最接近的匹配色调。"色调分离"命令与"阈值"命令的功能类似，所不同的是"阈值"命令在任何情况下都只考虑两种色调，而"色调分离"的色调可以指定0~255的任何一个值。

使用"色调分离"产生特殊效果的具体操作步骤如下：

1）打开配套光盘中的"随书素材及结果\色调分离.jpg"图片，如图6-69所示。

图 6-69　原图

2）执行菜单中的"图像 | 调整 | 色调分离"命令，弹出如图 6-70 所示的对话框。在该对话框"色阶"数值框中输入数值，可以确定色调等级。数值越大，颜色过渡越细腻；反之，图像的色块效果显示越明显。

3）此时保持默认参数，单击"确定"按钮，效果如图 6-71 所示。

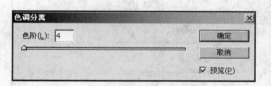

图 6-70　"色调分离"对话框

图 6-71　"色调分离"效果

6.4　实例讲解

本节将通过 3 个实例来对 Photoshop CS4 图像的色调和色彩调整的相关知识进行具体应用，旨在帮助读者能够举一反三，快速掌握 Photoshop CS4 图像的色调和色彩调整的相关知识。

6.4.1　制作变色的郁金香效果

要点：

本例将对图片中的红色郁金香进行处理，使其成为黄色，如图 6-72 所示。通过本例的学习，应掌握通过"色相 / 饱和度"命令对单一颜色进行调整的使用。

原图 结果图

图6-72 变色的郁金香

操作步骤：

1）打开配套光盘中的"随书素材及结果\6.4.1 制作变色的郁金香效果\原图.jpg"文件，如图6-72所示。

2）将红色的郁金香处理为黄色。方法：执行菜单中的"图像|调整|色相/饱和度"命令（快捷键〈Ctrl+U〉），然后在弹出的对话框"编辑"右侧下拉列表中选择"红色"，如图6-73所示。接着调整参数如图6-74所示，单击"确定"按钮，效果如图6-75所示。

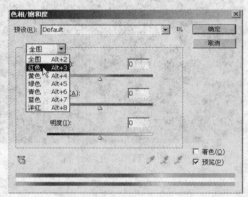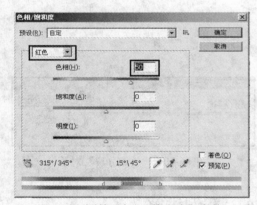

图6-73 选择"红色" 图6-74 调整"色相/饱和度"参数

图6-75 结果图

6.4.2 制作黑白老照片去黄效果

 要点：

本例将去除一张黑白照片上的水印，如图6-76所示。通过本例学习应掌握利用通道除去水印，利用"自动色阶"增加照片的对比度，利用橡皮图章除去折痕以及改变老照片色彩的方法。

原图　　　　　　　　　　　　　　　结果图

图6-76　带水印的黑白老照片去黄

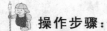 **操作步骤：**

1）打开配套光盘中的"随书素材及结果\6.4.2 制作黑白老照片去黄效果\原图.bmp"图片，如图6-76所示。

2）进入通道面板，逐一单击红、绿、蓝3个通道会发现红色通道杂质最少，下面选择红色通道将其拖到　（创建新通道）按钮上，从而复制出一个红色通道，效果如图6-77所示。

3）将红、绿、蓝通道分别拖入通道面板下方的　（删除当前通道）上，从而删除这3个通道，效果如图6-78所示。

4）选择工具箱上的　（套索工具），将羽化值设置为10，以便于使选区处理后与周围颜色柔和过渡。然后创建图6-79所示的选区。

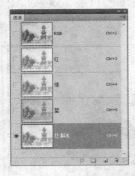  

图6-77　复制出"红 副本"通道　　图6-78　删除通道　　图6-79　创建羽化选区

5）执行菜单中的"图像|调整|曲线"命令，在弹出的对话框中设置参数如图 6-80 所示，单击"确定"按钮。然后按快捷键〈Ctrl+D〉取消选区，效果如图 6-81 所示。

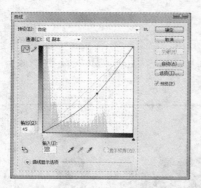

图 6-80　设置"曲线"参数

图 6-81　"曲线"后的效果

6）此时水印就被去掉了，但照片的明亮对比度不强，这是一般老照片经常出现的情况，解决这个的方法很简单，只要执行菜单中的"图像|调整|自动色阶"命令即可，最终效果如图 6-82 所示。

图 6-82　去除水印效果

7）处理照片上的折痕。选择工具箱上的 （缩放工具）放大局部如图 6-83 所示，然后选择工具箱上的 （仿制图章工具），配合键盘上的〈Alt〉键修复照片上的折痕，效果如图 6-84 所示。

图 6-83　放大局部

图 6-84　去除折痕

8）制作照片的上色效果。首先双击工具箱上的![抓手]（抓手工具），使照片满屏显示。然后执行菜单中的"图像|模式|灰度"命令，再执行"图像|模式|RGB 颜色"命令，将照片转化为 RGB 模式。接着执行菜单中的"图像|调整|色相/饱和度"命令，在弹出的对话框中设置参数如图 6-85 所示，单击"确定"按钮，最终效果如图 6-86 所示。

图 6-85　设置"色相/饱和度"参数　　　　　图 6-86　调整"色相/饱和度"效果

6.4.3　制作匹配颜色效果

 要点：

本例将利用"匹配颜色"功能将一张照片匹配成另一张照片的颜色，如图 6-87 所示。通过本例的学习，应掌握利用菜单中的"匹配颜色"命令处理照片的方法。

原图 1　　　　　　　　　　　原图 2　　　　　　　　　　　结果图
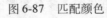
图 6-87　匹配颜色

 操作步骤：

1）打开配套光盘中的"随书素材及结果\6.4.3　制作匹配颜色效果\原图 1.jpg"图像文件，如图 6-87 所示。

2）利用"颜色匹配"命令，将"原图 1.jpg"图像文件匹配为"原图 2.jpg"图像文件（见光盘）的颜色。方法：激活"原图 1.jpg"图像文件，执行菜单中的"图像|调整|匹配颜色"命令，弹出如图 6-88 所示的对话框。然后单击"来源"右侧的下拉三角，从下拉列表中选择"原图 2.jpg"，并调整其余参数如图 6-89 所示，单击"确定"按钮，效果如图 6-90 所示。

图6-88 "匹配颜色"对话框   图6-89 调整"匹配颜色"参数

图6-90 匹配颜色后的效果

6.5 课后练习

1．填空题

(1) _____ 命令，用于匹配不同图像、多个图层或者多个颜色选区之间的颜色，即将源图像的颜色匹配到目标图像上，使目标图像虽然保持原来的画面，却有与源图像相似的色调。使用该命令，还可以通过更改亮度和色彩范围来调整图像中的颜色。

(2) _____ 命令，适用于由强逆光而形成剪影的照片，或者校正由于太接近相机闪光灯而有些发白的焦点。

2．选择题

(1) 下列 _____ 选项属于整体色彩的快速调整命令。

A. 色阶   B. 曲线   C. 色相／饱和度   D. 亮度／对比度

(2) 下列 _____ 选项属于色调的精细调整命令。

A. 色阶   B. 曲线   C. 色相／饱和度   D. 亮度／对比度

3．问答题／上机题

（1）练习 1：打开配套光盘中的"课后练习\6.5 课后练习\练习 1\原图.jpg"图片，如图 6-91 所示。然后利用"色相／饱和度"命令，制作出的如图 6-92 所示的效果。

图 6-91　原图　　　　　　　　　　　　图 6-92　　结果图

（2）练习 2：打开配套光盘中的"课后练习\6.5 课后练习\练习 1\原图.jpg"图片，如图 6-93 所示。然后利用"色相／饱和度"命令，制作出如图 6-94 所示的效果。

图 6-93　原图　　　　　　　　　　　　图 6-94　　结果图

（3）练习 3：打开配套光盘中的"课后练习\6.5 课后练习\练习 3\原图.jpg"图片，如图 6-95 所示。然后利用色彩调整命令、通道和橡皮图章去除水印，制作出如图 6-96 所示的效果。

图 6-95　原图　　　　　　　　　　　　图 6-96　结果图

第 7 章　路径和矢量图形的使用

本章要点

Photoshop CS4 是一个以编辑和处理位图图像为主的图像处理软件。同时为了应用的需要，也包含了一定的矢量图形处理功能，以此来协助位图图像的设计。路径是 Photoshop CS4 矢量设计功能的充分体现。用户可以利用路径功能绘制线条或曲线，并对绘制后的线条进行填充和描边，从而完成一些绘图工具所不能完成的工作。通过本章的学习，应掌握路径和矢量图形的使用方法。

本章内容包括：
- 路径的概述
- 路径面板
- 路径的创建和编辑
- 选择和变换路径
- 应用路径
- 创建路径形状

7.1　路径概述

图像有两种基本构成方式，一种是矢量图形；另一种是位图图像。对于矢量图形来说，路径和点是它两个组成元素。路径指矢量对象的线条，点则是确定路径的基准。在矢量图像的绘制中，图像中每个点和点之间的路径都是通过计算自动生成的。在矢量图形中记录的是图像中每个点和路径的坐标位置。当缩放矢量图形时，实际上改变的是点和路径的坐标位置。当缩放完成时，矢量图依然是相当清晰的，没有马赛克现象。同时由于矢量图计算模式的限制，一般无法表达大量的图像细节，因此看上去色彩和层次上都与位图有一定的差距，感觉不够真实，缺乏质感。

与矢量图像不同，位图图像中记录的是像素的信息，整个位图图像是由像素构成的。位图图像不必记录繁琐复杂的矢量信息，而以每个点为图像单元的方式真实地表现自然界中任何画面。因此，通常用位图来制作和处理照片等需要逼真效果的图像。但是随着位图图像的放大，马赛克的效果越来越明显，图像也变得越来越模糊。

在 Photoshop CS4 中，路径功能是其矢量设计功能的充分体现。"路径"是指用户勾绘出来的由一系列点连接起来的线段或曲线。用户可以沿着这些线段或曲线填充颜色，或者进行描边，从而绘制出图像。此外，路径还可以转换成选取范围。这些都是路径的重要功能。

7.2　路径面板

执行菜单中的"窗口|路径"命令，调出"路径"面板，如图 7-1 所示。由于还未编辑路径，此时在面板中没有任何路径内容。在创建了路径后，就会在路径面板中显示相应路径，如图 7-2 所示。

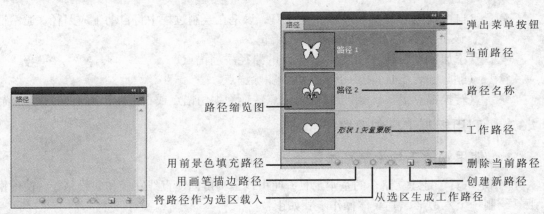

图 7-1　为创建路径的路径面板　　　　图 7-2　创建了路径后的路径面板

其中，各项功能的说明如下。

- 路径缩略图：用于显示当前路径的内容。它可以迅速地辨识每一条路径的形状。
- 弹出菜单按钮：单击此按钮，会弹出下拉菜单，如图 7-3 所示。从中可以选择相应的菜单命令。
- 路径名称：便于在多个路径之间区分。如在新建路径时不输入新路径的名称，则 Photoshop CS4 会自动一次命名为路径 1、路径 2、路径 3，依此类推。
- 当前路径：选中某一路径后，则以蓝颜色显示这一路径。此时图像中只显示这一路径的整体效果。
- 工作路径：这是一种临时路径，名称以斜体字表示。当在建立一个新的工作路径时，原有工作路径将被删除。

图 7-3　路径弹出菜单

- 用前景色填充路径：单击此按钮，Photoshop CS4 将以前景色填充被路径包围的区域。
- 用画笔描边路径：单击此按钮，可以按设置的绘图工具和前景色颜色沿着路径进行描边。
- 将路径作为选区载入：单击此按钮，可以将当前路径转换为选取范围。
- 从选区生成工作路径：单击此按钮，可以将当前选区转换为工作路径。
- 创建新路径：单击此按钮，可以创建一个新路径。
- 删除当前路径：单击此按钮，可以删除当前选中的路径。

7.3　路径的创建和编辑

用鼠标右键单击工具箱中的 钢笔工具，将弹出路径工作组，如图 7-1 所示。路径工作组中包含 5 个工具，它们的功能如下。

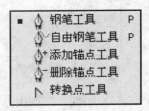

图 7-4　路径工作组

- 钢笔工具：路径工具组中最精确的绘制路径工具，可以绘制光滑而复杂的路径。

- （自由钢笔工具）：类似于钢笔工具，只是在绘制过程中将自动生成路径。通常情况下，该工具生成的路径还需要再次编辑。
- （添加锚点工具）：用于为已创建的路径添加锚点。
- （删除锚点工具）：用于从路径中删除锚点。
- （转换锚点工具）：用于将圆角锚点转换为尖角锚点或将尖角锚点转换为圆角锚点。

7.3.1 利用钢笔工具创建路径

1．使用钢笔工具绘制直线路径

"钢笔工具"是建立路径的基本工具，使用该工具可创建直线路径和曲线路径。使用钢笔工具绘制一个六边形，其具体操作步骤如下：

1）新建一个文件，然后选择工具箱上的 （钢笔工具），此时钢笔工具选项栏如图 7-5 所示。

图 7-5　钢笔工具选项栏

其中，各项参数的说明如下。

- 橡皮带：选中该复选框后，移动鼠标时光标和刚绘制的锚点之间会有一条动态变化的直线或曲线，表明若在光标处设置锚点会绘制什么样的线条，对绘图起辅助作用，如图 7-6 所示。
- 自动添加删除：选中该复选框，当光标经过线条中部时指针旁会出现加号，此时单击可在曲线上添加一个新的锚点；当光标在锚点附近时指针旁会出现负号，此时单击会删除此锚点。

2）将光标移到图像窗口，单击确定路径起点，如图 7-7 所示。

3）将光标移到要建立的第二个锚点的位置上单击，既可绘制连接第二个锚点与开始点的线段，再将鼠标移到第三个锚点的位置单击，效果如图 7-8 所示。

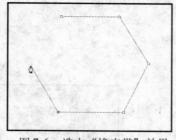 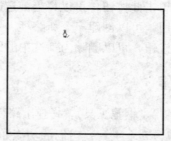 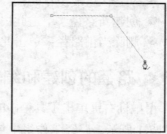

图 7-6　选中"橡皮带"效果　　　图 7-7　确定路径起点　　　图 7-8　确定第三个锚点位置

4）同理，绘制出其他线段。当绘制线段回到开始点时，在光标右下方会出现 标记，如图 7-9 所示，单击后封闭路径，如图 7-10 所示。

图 7-9　封闭路径标志　　　　　　　　　图 7-10　封闭路径效果

2．使用钢笔工具绘制曲线路径

使用"钢笔工具"除了可以直线路径外，还可绘制曲线路径。使用钢笔工具绘制一个心形，其具体操作步骤如下：

1）选择工具箱上的 ▓（钢笔工具），选中选项栏中的"橡皮带"复选框。

2）将光标移到图像窗口，单击确定路径起点。

3）移动光标，在适当的位置上单击，并不松开鼠标进行拖动，此时可在该锚点处出现一条有两个方向点的方向线，如图 7-11 所示，确定其方向后松开鼠标。

4）同理，继续绘制其他曲线，当光标移到开始点上单击封闭路径，效果如图 7-12 所示。

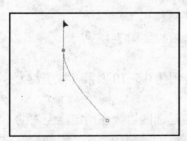

图 7-11　拉出方向线　　　　　　　　　　图 7-12　绘制心型

3．连接曲线和直线路径

使用"钢笔工具"绘制路径时，常常需要既包括直线段又包括曲线段。将直线和曲线路径进行连接的具体操作步骤如下：

1）绘制一条曲线路径，如图 7-13 所示。

2）按键盘上的〈Alt〉键，单击第二个锚点，此时锚点的一条方向线消失了，如图 7-14 所示。

3）在合适的位置上单击鼠标，即可创建直线路径，如图 7-15 所示。

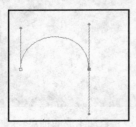

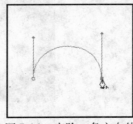

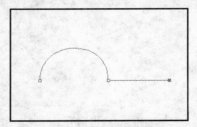

图 7-13　绘制曲线　　　　图 7-14　去除一条方向线　　　　图 7-15　创建直线路径

4）按键盘上的〈Alt〉键，单击第三个锚点即可出现方向线，如图7-16所示。

5）在合适的位置上单击并拖动鼠标，即可重新绘制出曲线，如图7-17所示。

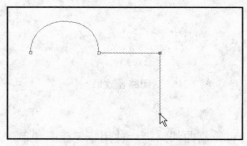

图7-16　拉出一条方向线

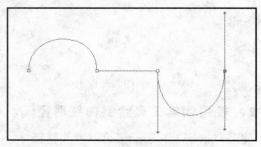

图7-17　重新绘制曲线

7.3.2　利用自由钢笔工具创建路径

"自由钢笔工具"的功能与"钢笔工具"基本相同，但是操作方式略有不同。"钢笔工具"是通过建立锚点而建立路径，"自由钢笔工具"是通过绘制曲线来勾绘路径，它会自动添加锚点。

使用自由钢笔工具绘制路径的具体操作步骤如下：

1）打开一个图像文件。

2）选择工具箱中的 （自由钢笔工具），其选项栏如图7-18所示。

其中，各项参数的说明如下。

● 曲线拟合：用于控制路径圆滑程度，取值范围为0.5~10像素，数值越大，创建的路径锚点越少，路径也越圆滑。

● 磁性的：与"磁性套索工具"相似，也是通过选区边缘在指定宽度内的不同像素值的反差来确定路径，差别在于使用磁性钢笔生成的是路径，而"磁性套索工具"生成为选区。

● 钢笔压力：在使用光笔绘图板时才起作用，当选中该复选框时，钢笔压力的增加将导致宽度减小。

3）在图像工作区按下鼠标不放，沿图像的边缘拖动鼠标，此时将会自动生成锚点，效果如图7-19所示。

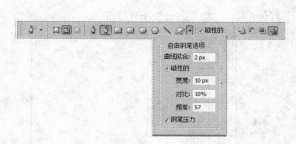

图7-18　"自由钢笔工具"选项栏

图7-19　自动生成的锚点

7.3.3　利用路径面板创建路径

通常用户建立的路径都被系统保存为工作路径，如图 7-20 所示。当用户在路径面板空白处单击鼠标取消路径的显示状态后，再次绘制新路径时，该工作路径将被替换，如图 7-21 所示。

图 7-20　工作路径　　　　　　　　　图 7-21　被替换的工作路径

为了避免这种情况的发生，在绘制路径前，可以单击路径面板下方的 按钮，创建一个新的路径。然后使用 绘制路径即可。

通常新建的路径被依次命名为"路径 1"、"路径 2"……如果需要在新建路径时重命名路径，可以按住〈Alt〉键的同时单击路径面板下方的 按钮，此时会弹出"新建路径"对话框，如图 7-22 所示。然后输入所需的名称，单击"确定"按钮，即可创建新的路径。

7.3.4　添加锚点工具

用于在已创建的路径上添加锚点。添加锚点的具体操作步骤如下：

1）选择工具箱中的 。

2）将鼠标移到路径上所需添加锚点的位置，如图 7-23 所示。然后单击鼠标左键，即可添加一个锚点，如图 7-24 所示。

图 7-22　"新建路径"对话框　　图 7-23　将鼠标移到需添加锚点的位置　　图 7-24　添加锚点的效果

7.3.5　删除锚点工具

用于从路径中删除锚点。删除锚点的具体操作步骤如下：

1）选择工具箱中的 [图] （删除锚点工具）。

2）将鼠标移动到要删除锚点的位置，如图7-25所示。然后单击鼠标左键，即可删除一个锚点，如图7-26所示。

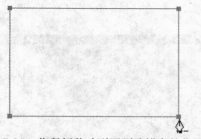

图7-25 将鼠标移动到要删除锚点的位置

图7-26 删除锚点的效果

7.3.6 转换锚点工具

利用 [图] （转换点工具），可以将一个两侧没有控制柄的直线形锚点（图7-27）转换为两侧具有控制柄的圆滑锚点，如图7-28所示；或将圆滑锚点转换为曲线形锚点。转换锚点的具体操作步骤如下：

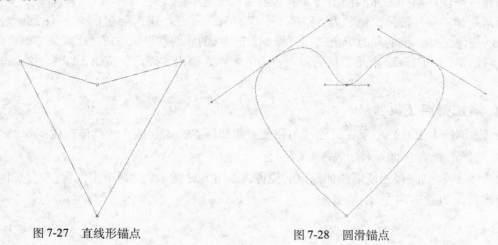

图7-27 直线形锚点

图7-28 圆滑锚点

1）选择工具箱中的 [图] （转换点工具）。

2）在直线形锚点上按住鼠标左键并拖动，可以将锚点转换为圆滑锚点；反之，在圆滑锚点上单击鼠标，则可以将该锚点转换成直线形锚点。

7.4 选择和变换路径

初步建立的路径往往很难符合要求，此时可以通过调整锚点的位置和属性来进一步调整路径。

7.4.1　选择锚点或路径

1．选择锚点

在对已绘制的路径进行编辑操作时，往往需要选择路径中的锚点或整条路径。如果要选择路径中的锚点，只需选择工具箱中的 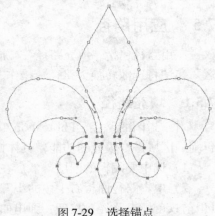 （直接选择工具），然后在路径锚点处单击或框选即可。此时选中的锚点会变为黑色小正方形；未选中的锚点为空心小正方形，如图7-29所示。

提示：利用 ▶ （直接选择工具）选择锚点时，按住键盘上的
　　　 〈Shift〉键的同时单击锚点，可以连续选中多个锚点。

图 7-29　选择锚点

2．选择路径

如果在编辑过程中需要选择整条路径，可以选择工具箱中的 ▶ （选择工具），然后单击要选择的路径即可，此时路径上的全部锚点显示为黑色小正方形。

提示：如果当前使用的工具为 ▶ （直接选择工具），无须切换到 ▶ （选择工具），只需按住 〈Alt〉键的同时单击路径，即可选中整条路径。

7.4.2　移动锚点或路径

1．移动锚点

要改变路径的形状，可以利用 ▶ （直接选择工具）单击锚点，当选中的锚点变为黑色小正方形时，按住鼠标左键拖动锚点即可移动锚点，从而改变路径的形状。

2．移动路径

选择工具箱中的 ▶ （选择工具），在要移动的路径上按住鼠标左键并进行拖动，即可移动路径。

7.4.3　变换路径

选中要变换的路径，执行菜单中的"编辑|自由变换路径"命令或执行菜单中的"编辑|变换路径"子菜单中的命令，即可对当前所选择的路径进行变换操作。

变换路径操作和变换选区操作一样，它包括"缩放"、"旋转"、"透视"和"扭曲"等操作。执行变换路径命令后，其工具属性栏如图7-30所示。在该工具属性栏中可以重新定义其中的数值，以精确改变路径的形状。

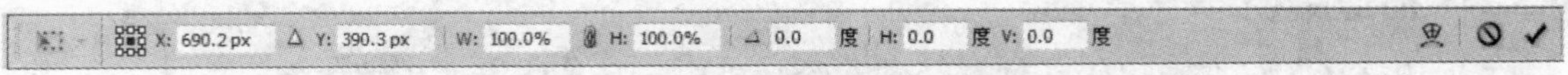

| X: 690.2 px | △ Y: 390.3 px | W: 100.0% | H: 100.0% | △ 0.0　度 | H: 0.0　度 | V: 0.0　度 |

图 7-30　变换路径时的工具属性栏

7.5 应用路径

应用路径包括"填充路径"、"描边路径"、"删除路径"、"剪切路径"、"将路径转换为选区"和"将选区转换为路径"操作。

7.5.1 填充路径

对于封闭的路径，Photoshop CS4还提供了用指定的颜色、图案、历史记录等对路径所包围的区域进行填充的功能，具体操作步骤如下：

1）选中要编辑的图层，然后在路径面板中选中要填充的路径。

2）单击路径面板右上角的小三角，或者按住键盘上的〈Alt〉键单击路径面板下方的  （用前景色填充路径）按钮，弹出如图7-31所示的"填充路径"对话框。

其中，各项参数的说明如下。

● 使用：设置填充方式，可选择使用前景色、背景色、图案或历史记录等。

● 模式：设置填充的像素与图层原来像素的混合模式，默认为"正常"。

● 不透明度：设置填充像素的不透明度，默认为100%，即完全不透明。

● 保留透明区域：填充时对图像中的透明区域不进行填充。

● 羽化半径：用于设置羽化边缘的半径，范围是0~255像素。使用羽化会使填充的边缘过渡更为自然。

● 消除锯齿：在填充时消除锯齿状边缘。

3）此时选择一种图案，羽化半径设置为10，如图7-32所示，单击"确定"按钮，效果如图7-33所示。

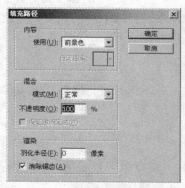
图7-31 "填充路径"对话框

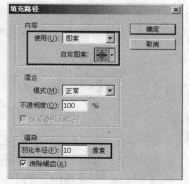
图7-32 设置填充路径参数

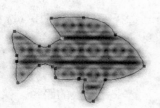
图7-33 填充路径效果

提示：填充路径时，如果当前图层处于隐藏状态，则  （用前景色填充路径）按钮会呈不可用状态。

7.5.2 描边路径

"描边路径"命令可以沿任何路径创建绘画描边。其具体操作步骤如下：

1）选中要编辑的图层，然后在路径面板中选中要描边的路径。

2）选择工具箱中的 ✏️ （画笔工具），单击路径面板右上角的小三角，或者按住键盘上的

〈Alt〉键单击路径面板下方的 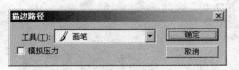（用画笔描边路径）按钮，弹出如图 7-34 所示的对话框。其中，各项参数的说明如下。

● 工具：可在此下拉列表框中选择要使用的描边工具，如图 7-35 所示。

● 模拟压力：选中此复选框，则可模拟绘画史笔加压力起笔时从轻到重，提笔是从重变轻的变化。

3）此时选择"画笔"，单击"确定"按钮，效果如图 7-36 所示。

图 7-34 "描边路径"对话框   图 7-35 选择描边工具   图 7-36 描边后效果

7.5.3 删除路径

删除路径的具体操作步骤如下：

1）选中要删除的路径。

2）单击路径面板下方的 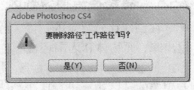（删除当前路径）按钮，在弹出的如图 7-37 所示的对话框中单击"确定"按钮，即可删除当前路径。

图 7-37 提示信息框

提示：按住〈Alt〉键的同时，单击 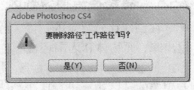（删除当前路径）按钮，可以在不出现提示信息框的情况下删除路径。

7.5.4 剪贴路径

"剪贴路径"功能主要是制作印刷中的去背景效果。也就是说，使用"剪贴路径"功能输出的图像插入到 InDesign 等排版软件中，路径内的图像会被输出而路径之外的区域不进行输出。

使用"剪贴路径"的具体操作步骤如下：

1）在图像中绘制路径，如图 7-38 所示。

图 7-38 绘制路径

2）由于工作路径不能作为"剪贴路径"进行输出，下面将其转换为路径。方法：在路径面板中双击"工作路径"的名称，在弹出的"存储路径"对话框中设置参数，如图 7-39 所示，单击"确定"按钮。

3）单击路径面板右上角的小三角，从弹出的下拉菜单中选择"剪贴路径"命令，然后在弹出的"剪贴路径"对话框中设置参数，如图 7-40 所示，单击"确定"按钮。

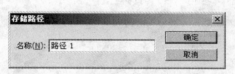

图 7-39　设置"存储路径"的名称　　　　图 7-40　设置"剪贴路径"参数

4）执行菜单中的"文件|存储"命令，将文件保存为"小兔子.tif"。

5）启动 InDesign 软件，执行菜单中的"文件|置入"命令，置入"小兔子.tif"文件，效果如图 7-41 所示。

图 7-41　置入后的效果

7.5.5　将路径转换为选区

在创建比较复杂的选区，比如将物体从背景图像中抠出来，而物体和周围环境颜色又十分接近，使用魔棒等工具不易选取时，此时可以使用 █ （钢笔工具）先沿着想要的选区边缘进行比较精细的绘制，然后可以对路径进行编辑操作，满意后，再将其转换为选区。将路径转换为选区的具体操作步骤如下：

1）在路径面板中选中要转换为选区的路径，如图 7-42 所示。

2）单击路径面板右上角的小三角，从弹出的下拉菜单中选择"建立选区"命令，或者按住键盘上的〈Alt〉键，单击路径面板下方的 █ （将路径作为选区载入）按钮，弹出如图 7-43 所示的"建立选区"对话框。

图 7-42　选中要转换为选区的路径　　　　图 7-43　"建立选区"对话框

其中，各项参数的说明如下。

● 羽化半径：用于设置羽化边缘的半径，范围是 0~255 像素。

● 消除锯齿：用于消除锯齿状边缘。
● 操作：可设置新建选区与原有选区的操作方式。
3）单击"确定"按钮，即可将路径转换为选区，如图 7-44 所示。

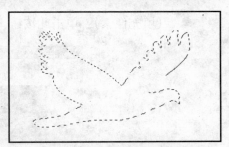

图 7-44　将路径转换为选区

7.5.6　将选区转换为路径

Photoshop CS4 还可以将选区转换为路径，具体操作步骤如下：

1）选择要转换为路径的选区。
2）单击路径面板右上角的小三角，从弹出的下拉菜单中选择"建立工作路径"命令，或者按住键盘上的〈Alt〉键，单击路径面板下方的 按钮，在弹出的对话框中设置参数，如图 7-45 所示，单击"确定"按钮，即可将选区转换为路径。

图 7-45　设置"建立工作路径"参数

7.6　创建路径形状

在工具箱中的形状工具上单击鼠标右键，将弹出如图 7-46 所示的形状工作组。运用这些工具快速创建矩形、圆角矩形和椭圆等形状图形。

7.6.1　利用矩形工具创建路径形状

使用 可以绘制出矩形、正方形的路径或是形状，其选项栏如图 7-47 所示。

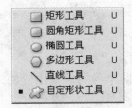

图 7-46　形状工作组

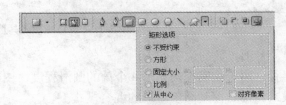

图 7-47　矩形工具选项栏

其中，各项参数的说明如下。

● ：单击此按钮，绘制出的图形为形状，如图 7-48 所示。
● ：单击此按钮，绘制出的图形为路径，如图 7-49 所示。

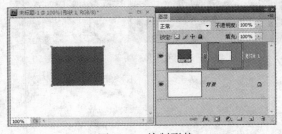

图 7-48　绘制形状

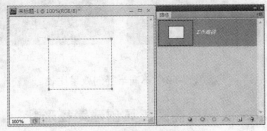

图 7-49　绘制路径

● □（填充像素）：单击此按钮，绘制出的图形为普通的填充图形，如图 7-50 所示。

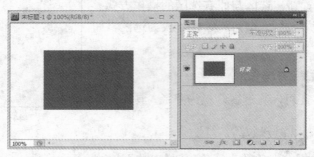

图 7-50　绘制填充图形

● 不受约束：可绘制出任意大小的矩形。
● 方形：可绘制出任意大小的正方形。
● 固定大小：在"W"中输入宽度，在"H"中输入高度，可绘出指定大小的矩形。
● 比例：在"W"和"H"中输入水平和垂直比例值，可绘制指定比例的矩形。
● 从中心：从中心开始绘制矩形。
● 对齐像素：使矩形边缘对齐像素。

7.6.2　利用圆角矩形工具创建路径形状

　　□（圆角矩形工具）常用于绘制按钮，该工具选项栏中的选项与"矩形工具"基本相同，如图 7-51 所示。

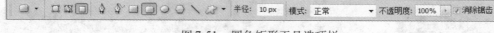

图 7-51　圆角矩形工具选项栏

其中，各项参数的说明如下。
● 半径：用于控制圆角矩形 4 个角的圆滑程度，图 7-52 为不同半径的效果比较。
● 模式：用于控制圆角矩形的混合模式。
● 不透明度：用于控制圆角矩形不透明度，图 7-53 为不同不透明度的效果比较。

半径为 10　　　　　半径为 30　　　　　　　　不透明度 100　　　　不透明度 50

图 7-52　不同半径的效果比较　　　　　图 7-53　不同不透明度的效果比较

7.6.3　利用椭圆工具创建路径形状

　　使用 ○（椭圆工具）可以绘制出椭圆和圆形，其选项栏也和"矩形工具"类似，如图 7-54

所示，绘制效果如图 7-55 所示。

图 7-54 椭圆工具 选项栏

图 7-55 椭圆工具绘制效果

7.6.4 利用多边形工具创建路径形状

使用 ○ （多边形工具）可以绘制出正多边形，例如等边三角形、五角星和各种星形。其选项栏如图 7-56 所示。

图 7-56 多边形工具选项栏

其中，各项功能的说明如下。

● 半径：用于指定多边形的中心到外部点的距离。指定半径后，可以按照一个固定的大小绘制。

● 平滑拐角：选中该选项框后，尖角会被平滑的圆角所替代，图 7-57 为选中"平滑拐角"前后的效果比较。

● 星形：选中该复选框，可以绘制星形。选中和不选中该复选框，图 7-58 为选中"星形"前后的效果比较。

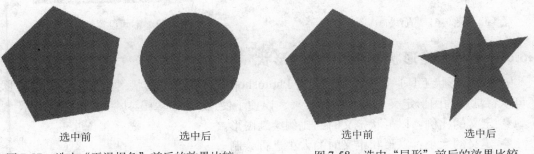

选中前　　　　　选中后　　　　　　　选中前　　　　　选中后

图 7-57 选中"平滑拐角"前后的效果比较　　图 7-58 选中"星形"前后的效果比较

● 缩进边依据：用于指定缩进的大小和半径的百分比，范围是 1%~99%，图 7-59 为不同"缩进边依据"数值的效果比较。

●平滑缩进：可以圆滑多边形的角，使绘制出的多边形的角更加柔和，图7-60为选中"平滑缩进"前后的效果比较。

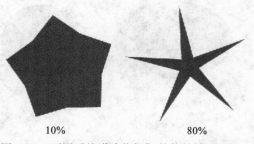

图7-59　不同"缩进边依据"数值的效果比较

10%　　　　　　　　80%

图7-60　选中"平滑缩进"前后的效果比较

选中前　　　　选中后

7.6.5　利用直线工具创建路径形状

使用 （直线工具）可以绘制出直线、箭头的形状和路径。其选项栏如图7-61所示。

● 起点：可以在起点位置处绘制箭头。
● 终点：可以在终点位置处绘制箭头。
● 宽度：设置箭头宽度，范围为100%~1000%。
● 长度：设置箭头的长度，范围为10%~5000%。
● 凹度：设置箭头凹度，范围为 −50%~50%。

图7-62为不同设置的直线效果。

图7-61　直线工具选项栏

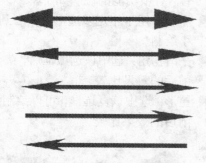

图7-62　不同设置的直线效果

7.6.6　利用自定形状工具创建路径形状

（自定形状工具）可以绘制出各种 Photoshop CS4 预置的形状、如箭头、灯泡等形状，还可以将常用的图形定义为形状保存下来，以便于使用。其选项工具栏如图7-63所示。

● 定义的比例：以形状定义时的比例绘制图形。
● 定义的大小：以形状定义时的大小进行绘制。
● 形状：单击"形状"右侧下拉列表，会弹出如图7-64所示的面板，从中可以选择需要的形状。单击右上角的小三角，从弹出的下拉菜单中还可以选择"载入形状"、"存储形状"、"复位形状"和"替换形状"命令。

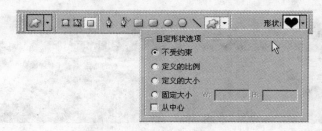 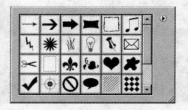

图 7-63　自定形状工具选项栏　　　　　　图 7-64　自定形状面板

7.6.7　保存路径形状

　　自定形状面板中的形状与笔刷一样，都可以以文件形式保存起来，以便于用户以后调用及共享。将形状进行保存的具体步骤：单击自定形状面板右上角的 按钮，在弹出的下拉菜单中选择"存储形状"命令，然后在弹出的如图 7-65 所示的"存储"对话框"文件名"右侧输入文件名称，单击"确定"按钮，即可保存该形状。

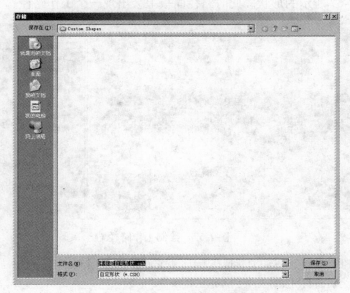

图 7-65　"存储"对话框

7.7　实例讲解

　　本节将通过两个实例来讲解路径和矢量图形在实践中的应用。旨在帮助读者能够举一反三，快速掌握路径和矢量图形的相关知识。

7.7.1　制作卷页效果

 要点：

　　本例将利用两幅图片制作转页效果，如图 7-66 所示。通过本例的学习，应掌握魔术棒工具、路径工具和粘贴入命令的综合应用。

原图 1

原图 2

结果图

图 7-66　翻页效果

 操作步骤：

1）打开配套光盘中的"随书素材及结果 \ 7.7.1 制作卷页效果 \ 原图 1.jpg"文件，如图 7-66 所示。

2）选择工具箱上的 （钢笔工具），并且选中钢笔工具选项栏中的 （路径），然后在画面上绘制出如图 7-67 所示的形状。此时路径面板上会出现一个工作路径。

图 7-67　绘制工作路径

> **提示：** 适当使用工具箱上的 （直接选择工具）调整路径上的各个锚点，从而使锚点与画面边缘衔接。其目的是为后面利用魔棒工具创建选区作准备。

3）确定该路径为当前路径，单击路径面板下方的 （将路径作为选区载入）按钮，将路径作为选区载入。然后单击路径面板上工作路径以外的灰色区域，使路径不显示出来，效果如图 7-68 所示。

4）单击图层面板下方的 （创建新图层）按钮，新建立一个"图层 1"，然后选择工具箱上的 （渐变工具），渐变类型选择 （线性渐变）。接着单击渐变工具条中的颜色框，在弹出的渐变设置对话框中设置参数，如图 7-69 所示，单击"确定"按钮。

5）确定当前层为"图层 1"，用设置好的渐变处理选区，效果如图 7-70 所示。

6）制作翻页时的上层页面。方法：选择工具箱上的 （魔棒工具），确认当前图层为"图层 1"，然后单击画面左半部分，从而创建如图 7-71 所示的选区。

7）打开配套光盘中的"随书素材及结果\7.7.1 制作卷页效果\原图 2.jpg"文件，然后执行菜单中的"选择|全选"命令，接着执行菜单中的"编辑|复制"命令，再回到"原图 2.jpg"图像文件中，执行菜单中的"编辑|粘贴入"命令，最终结果如图 7-72 所示。

图 7-68　将路径作为选区载入

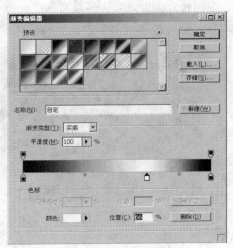

图 7-69　设置渐变色

图 7-70　用设置好的渐变处理选区

图 7-71　创建选区

图 7-72　最终效果

7.7.2 照片修复效果

 要点:

本例将去除小孩的脸部的划痕, 如图 7-73 所示。通过本例的学习, 应掌握 (污点修复画笔工具) 和 (仿制图章工具) 的综合应用。

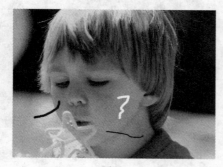 

原图   结果图

图 7-73   照片修复效果

 操作步骤:

1. 去除人物左脸上的划痕

1) 打开配套光盘中的 "素材及结果\7.7.2 照片修复效果\原图.jpg" 图片, 如图 7-73 (左) 所示。

2) 去除白色的划痕。方法: 选择工具箱中的 (污点修复画笔工具), 然后在其属性栏中设置参数如图 7-74 所示。接着在如图 7-75 所示的位置上单击并沿要去除的白色划痕拖动鼠标, 此时拖动的鼠标拖动的轨迹会以深灰色进行显示, 如图 7-76 所示。当将要去除的白色划痕全部遮挡住后松开鼠标, 即可去除白色的划痕, 效果如图 7-77 所示。

图 7-74   设置 (污点修复画笔工具) 参数

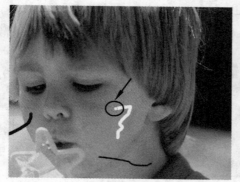 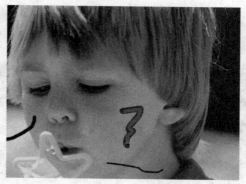

图 7-75   单击鼠标   图 7-76   将要去除的白色划痕全部遮挡住

3）同理，将人物左脸上的另一条划痕去除，效果如图 7-78 所示。

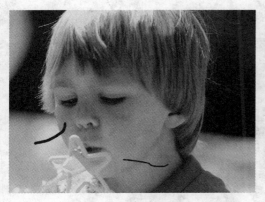
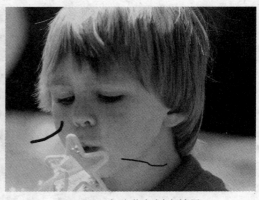

图 7-77　去除白色的划痕效果　　　　　图 7-78　去除蓝色划痕效果

4）去除人物脖子处的划痕。方法：选择工具箱中的 （污点修复画笔工具），然后在其属性栏中设置参数如图 7-79 所示。接着在如图 7-80 所示的位置上单击并沿要去除的划痕拖动鼠标，此时鼠标轨迹会以深灰色进行显示，如图 7-81 所示。当将要去除的白色划痕全部遮挡住后松开鼠标，即可去除划痕，效果如图 7-82 所示。

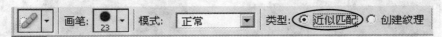

图 7-79　设置 （污点修复画笔工具）参数

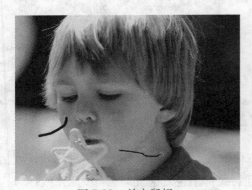
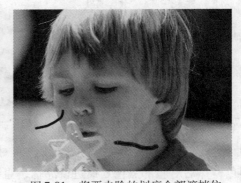

图 7-80　单击鼠标　　　　　　　　　图 7-81　将要去除的划痕全部遮挡住

图 7-82　去除脖子处的划痕效果

2．去除人物右脸上的划痕

1）利用工具箱中的 （钢笔工具）沿脸的轮廓绘制路径，如图7-83 所示。

图7-83　沿脸的轮廓绘制路径

2）在路径面板中单击面板下方的 （将路径作为选区载入）按钮，如图7-84 所示，将路径转换为选区，效果如图7-85 所示。

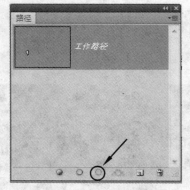 

图7-84　单击 （将路径作为选区载入）按钮　　　图7-85　将路径转换为选区

3）选择工具箱中的 （仿制图章工具），按住键盘上的〈Alt〉键，吸取脸部黑色划痕周围的颜色，然后对脸部黑色划痕进行涂抹，直到将脸部黑色划痕完全去除为止，效果如图7-86 所示。

4）按〈Ctrl+D〉快捷键取消选区，然后在路径面板中单击工作路径，从而在图像中重新显示出路径。接着利用工具箱中的 （直接选择工具）移动路径锚点的位置，如图7-87 所示。

提示：此时一定不要移动沿脸部轮廓绘制的锚点。

5）在路径面板中单击面板下方的 （将路径作为选区载入）按钮，将路径转换为选区。然后利用工具箱中的 （仿制图章工具），按住键盘上的〈Alt〉键，吸取黑色划痕周围的颜色。接着松开鼠标，对脸部以外的黑色划痕进行涂抹，直到将黑色划痕完全去除为止，效果如图7-88 所示。

6）按〈Ctrl+D〉快捷键取消选区，然后双击工具箱中的 （抓手工具）满屏显示图像，最终效果如图 7-89 所示。

图 7-86　去除右脸上的划痕

图 7-87　调整路径锚点的位置

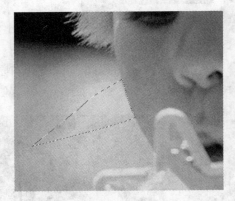

图 7-88　将脸部以外的黑色划痕去除

图 7-89　最终效果

7.8　课后练习

1．填空题

（1）使用 _____ 功能输出的图像插入到 InDesign 等排版软件中，路径之内的图像会被输出而路径之外的区域不进行输出。

（2）路径工作组包括 _____、_____、_____、_____ 和 _____5 种工具。

2．选择题

（1）在单击 （将路径作为选区载入）按钮的时候，按住键盘上的 _____ 键，可以弹出"建立选区"对话框。

A．Alt　　　B．Ctrl　　　C．Shift　　　D．Ctrl+Shift

（2）在使用的 （钢笔工具）时，按住 _____ 键可切换到 （直接选择工具），此时选中路径片断或者锚点后可以直接调整路径。

A．Alt　　　B．Ctrl　　　C．Shift　　　D．Ctrl+Shift

3．问答题 / 上机题

（1）简述剪贴路径的使用方法。

（2）练习1：利用配套光盘中的"课后练习\7.8课后练习\练习1\原图.jpg图片，如图7-90所示，制作出如图7-91所示的邮票效果。

图7-90　原图

图7-91　邮票效果

（3）练习2：利用配套光盘中的"课后练习\7.8课后练习\练习2\原图1.jpg"和"原图2.jpg"图片，如图7-92所示，制作出如图7-93所示的海报效果。

原图1

原图2

图7-92　素材图　　　　　　　　　　　　　　　　　　　　图7-93　海报效果

（4）练习3：利用配套光盘中的"课后练习\7.8课后练习\练习3\风景.jpg"和"豹子.jpg"图片，如图7-94所示，制作出如图7-95所示的艺术相框效果。

图7-94　素材图

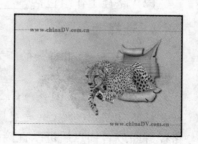

图7-95　结果图

第 8 章　滤镜的使用

本章重点

使用 Photoshop CS4 的滤镜功能，可以产生变换万千的特殊效果。通过本章的学习，应掌握 Photoshop CS4 自带的常用滤镜的使用方法。

本章内容包括：

- 掌握滤镜的概念
- 使用 Photoshop CS4 中的普通滤镜
- 使用 Photoshop CS4 中的特殊滤镜

8.1　滤镜概述

对于 Photoshop CS4 的使用，最令人欣赏的莫过于它的滤镜了。滤镜来源于摄影中的滤光镜，应用滤光镜的功能可以改进图像和产生特殊效果。通过滤镜的处理，可以为图像加入纹理、变形、艺术风格和光照等多种特效，让平淡无奇的照片瞬间脱胎换骨。

Photoshop CS4 的所有滤镜都按类别放置在"滤镜"菜单中，使用时只需用鼠标单击这些滤镜命令即可完成。对于 RGB 颜色模式的图像，可以使用任何滤镜功能。按快捷键〈Ctrl+F〉，可以重复执行上次使用的滤镜。

虽然滤镜使用起来非常简单，但是真正用得恰到好处且并不容易。滤镜通常需要同图层、通道等联合使用，才能取得最佳艺术效果。如果想在最适当的时候应用滤镜到最恰当的位置，除了平常的美术功底以外，还需要用户对滤镜的熟悉和操控能力，还需要具有很丰富的想象力。这样，才能有的放矢的应用滤镜，最大限度的发挥滤镜的功能。

8.2　滤镜库的使用

Photoshop CS4 提供了滤镜库的功能，通过它可以连续的应用多个滤镜，或是重复多次应用同一个滤镜，并可随时调整这些滤镜应用的先后次序及每一个滤镜的选项参数。对于某些涉及复杂滤镜应用的图像处理工作而言，滤镜库可以极大地简化工作流程。

执行菜单中的"滤镜|滤镜库"命令，可以打开如图 8-1 所示的"滤镜库"对话框。在该对话框列表中提供了"扭曲"、"画笔描边"、"素描"等 6 组滤镜。单击 ▷ 按钮，可以展开相应滤镜组中包含的滤镜缩略图；单击 ◻(新建效果图层)按钮，可以新建一个效果层；单击 ◻(删除效果图层）按钮，可以删除选中的某个滤镜；单击 ⌃ 按钮，可以隐藏中间的滤镜列表；单击滤镜名称前的 ◉ 按钮，可以显示或隐藏该滤镜效果。

8.3　使用 Photoshop CS4 中的普通滤镜

Photoshop CS4 内置了 14 种普通滤镜，分别位于"滤镜"菜单下的 14 个子菜单中，下面就来具体讲解这些滤镜的效果。

图 8-1 "滤镜库"对话框

8.3.1 "像素化"滤镜组

该类别滤镜命令位于"滤镜"菜单的"像素化"子菜单中，包括以下 7 种滤镜，全部都不可以在滤镜库中使用。

1. 彩块化

"彩块化"滤镜可以将图像中的纯色或相近颜色的像素结块成单色的像素块，使图像更接近于手绘品质。该滤镜没有选项对话框，执行菜单中的"滤镜|像素化|彩块化"命令，即可对图像应用该滤镜。

图 8-2（左）为原图，图 8-2（右）为执行菜单中的"滤镜|像素化|彩块化"命令后的效果。仔细观察会发现竹子的细节被模糊成了一些小色块。

图 8-2 执行"彩块化"滤镜的前后比较效果

2. 彩色半调

"彩色半调"滤镜用于模拟在图像的每个通道上使用放大半调网屏的效果。图 8-3 为原图，

执行菜单中的"滤镜|像素化|彩色半调"命令，弹出的"彩色半调"对话框如图8-4所示，单击"确定"按钮，效果如图8-5所示。

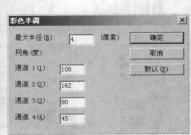

图8-3　原图　　　　图8-4　"彩色半调"对话框　　　　图8-5　"彩色半调"效果

3. 晶格化

"晶格化"滤镜用于模拟图像中像素结晶的效果。图8-6为原图，执行菜单中的"滤镜|像素化|晶格化"命令，弹出的"晶格化"对话框如图8-7所示，单击"确定"按钮，效果如图8-8所示。

图8-6　原图　　　　图8-7　"晶格化"对话框　　　　图8-8　"晶格化"效果

4. 点状化

"点状化"滤镜用于将图像中的颜色分解为随机分布的网点。图8-9为原图，执行菜单中的"滤镜|像素化|点状化"命令，弹出如图8-10所示的对话框，单击"确定"按钮，效果如图8-11所示。

图8-9　原图　　　　图8-10　"点状化"对话框　　　　图8-11　"点状化"效果

5. 碎片

"碎片"滤镜可以将原图复制4份，然后将这些复制出的图像做一定位移，形成一种重影的效果。该滤镜没有选项对话框，执行菜单中的"滤镜|像素化|碎片"命令，即可对图像应用该滤镜。

图 8-12 为原图，图 8-13 为执行菜单中的"滤镜|像素化|碎片"命令后的效果。

图 8-12 原图

图 8-13 "碎片"效果

6. 铜版雕刻

"铜版雕刻"滤镜可以将图像转换为由一些随机网点组成的图案。图8-14为原图，执行菜单中的"滤镜|像素化|铜版雕刻"命令，弹出如图8-15所示的对话框，单击"确定"按钮，效果如图8-16所示。

图 8-14 原图

图 8-15 "铜版雕刻"对话框

图 8-16 "铜版雕刻"效果

7. 马赛克

"马赛克"滤镜用于模拟马赛克拼出图像的效果。与"纹理"滤镜组中的"马赛克拼贴"滤镜不同的是，"马赛克"滤镜根据图像的变化使用某种单色，而不是图像本身填充每一个拼贴块。

图 8-17 为原图，执行"滤镜|像素化|马赛克"命令，弹出如图8-18所示的对话框，单击"确定"按钮，效果如图8-19所示。

8.3.2 "扭曲"滤镜组

"扭曲"滤镜组可以将图像进行各种几何扭曲，该类别滤镜命令位于"滤镜"菜单的"扭曲"子菜单中，包括13种滤镜。其中"玻璃"、"扩散亮光"和"海洋波纹"滤镜，可以在滤镜库中使用。下面就来介绍常用的几种滤镜。

图 8-17　原图

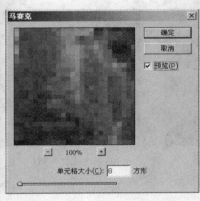

图 8-18　"马赛克"对话框

图 8-19　"马赛克"效果

1. 切变

"切变"滤镜可以按照用户设定的曲线来扭曲图像。图 8-20 为原图，执行菜单中的"滤镜 | 扭曲 | 切变"命令，在弹出的"切变"对话框中设置参数如图 8-21 所示，单击"确定"按钮，效果如图 8-22 所示。

图 8-20　原图

图 8-21　"切变"对话框

图 8-22　"切变"效果

2. 扩散亮光

"扩散亮光"滤镜用于模拟光芒漫射的效果。图 8-23 为原图，执行菜单中的"滤镜 | 扭曲 | 扩散亮光"命令，在弹出的"扩散亮光"对话框中可以调整颗粒度、发光量及清除数量等参数，如图 8-24 所示，单击"确定"按钮，效果如图 8-25 所示。

3. 挤压

"挤压"滤镜可以向中心或四周挤压图像。图 8-26 为原图，执行菜单中的"滤镜 | 扭曲 | 挤压"命令，弹出如图 8-27 所示的对话框，单击"确定"按钮，效果如图 8-28 所示。

图 8-23　原图

图 8-24　"扩散亮光"对话框

图 8-25　"扩散亮光"效果

图 8-26　原图

图 8-27　"挤压"对话框

图 8-28　"挤压"效果

4. 旋转扭曲

"旋转扭曲"滤镜可以将图像旋转扭曲，越靠图像中心，旋转程度越大。图 8-29 为原图，执行菜单中的"滤镜|扭曲|旋转扭曲"命令，弹出如图 8-30 所示的对话框，单击"确定"按钮，效果如图 8-31 所示。

5. 极坐标

"极坐标"滤镜可以将图像由平面坐标系统转换为极坐标系统，或是从极坐标系统转换为平面坐标系统。图 8-32 为原图，执行菜单中的"滤镜|扭曲|极坐标"命令，弹出如图 8-33 所示的对话框，单击"确定"按钮，效果如图 8-34 所示。

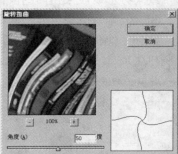

图 8-29 原图　　　　　　图 8-30 "旋转扭曲"对话框　　　　图 8-31 "旋转扭曲"效果

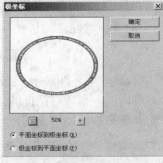

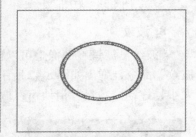

图 8-32 原图　　　　　　图 8-33 "极坐标"对话框　　　　图 8-34 "极坐标"效果

6. 水波

"水波"滤镜用于在图像上模拟水波效果，与"波纹"滤镜不同的是，可以根据需要详细设置水波的参数。图 8-35 为原图，执行菜单中的"滤镜|扭曲|水波"命令，弹出图 8-36 所示的对话框，单击"确定"按钮，效果如图 8-37 所示。

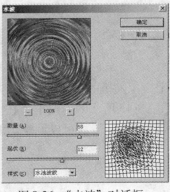

图 8-35 原图　　　　　　图 8-36 "水波"对话框　　　　图 8-37 "水波"效果

7. 波浪

"波浪"滤镜可以按照指定类型、波长和波幅的波来扭曲图像。图 8-38 为原图，执行菜单

中的"滤镜|扭曲|波浪"命令，弹出如图8-39所示的对话框。在该对话框的"类型"选项组中可以选择按"正弦"、"三角形"或"方形"波来扭曲图像；拖动"生成器数"滑块可以指定生成波浪的次数；拖动"波长"和"波幅"滑块可分别调整最大波长、最小波长、最大波幅和最小波幅；拖动两个"比例"滑块可以调整波浪在水平和垂直方向的显示比例；单击"随机化"按钮，可以按指定的设置随机生成一个波，单击"确定"按钮，效果如图8-40所示。

图 8-38　原图

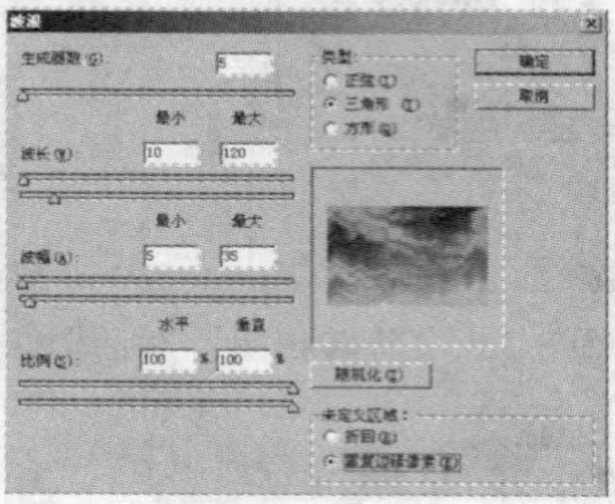

图 8-39　"波浪"对话框

图 8-40　"波浪"效果

8. 波纹

"波纹"滤镜在图像上可以模拟水波效果。图8-41为原图，执行菜单中的"滤镜|扭曲|波纹"命令，弹出如图8-42所示的对话框。在该对话框的"大小"列表框中可以选择水波的大小，拖动"数量"滑块可以调整水波的数量，单击"确定"按钮，效果如图8-43所示。

图 8-41　原图

图 8-42　"波纹"对话框

图 8-43　"波纹"效果

9. 海洋波纹

"海洋波纹"滤镜可在图像上模拟随机的试播效果。图8-44为原图，执行菜单中的"滤镜|扭曲|海洋波纹"命令，弹出如图8-45所示的对话框。在该对话框中拖动"波纹大小"滑块可以调整水波的大小，拖动"波纹幅度"滑块可以调整水波的幅度，单击"确定"按钮，效果如图8-46所示。

10. 玻璃

"玻璃"滤镜用于模拟透过各种类型的玻璃观看图像的效果。图8-47为原图，执行菜单中的"滤镜|扭曲|玻璃"命令，弹出如图8-48所示的对话框。在该对话框中，可以在"纹理"列表框中选择"磨砂"等各种玻璃效果，并可调整玻璃扭曲度和平滑度，单击"确定"按钮，效果如图8-49所示。

图 8-44　原图

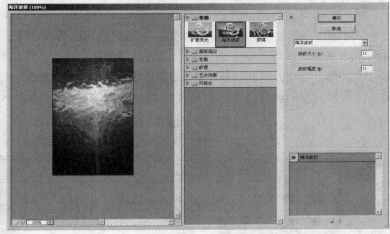

图 8-45　"海洋波纹"对话框

图 8-46　"海洋波纹"效果

图 8-47　原图

图 8-48　"玻璃"对话框

图 8-49　"玻璃"效果

11. 球面化

"球面化"滤镜可以将图像沿球形、圆管的表面凸起或凹下，从而使图像具有三维效果。图 8-50 为原图，执行菜单中的"滤镜|扭曲|球面化"命令，弹出如图 8-51 所示的对话框。在该对话框中，"模式"列表框中可以选择按正常、水平优先或垂直优先变形，拖动"数量"滑块可以调整变形的幅度，单击"确定"按钮，效果如图 8-52 所示。

图 8-50　原图　　　　图 8-51　"球面化"对话框　　　　图 8-52　"球面化"效果

12. 置换

"置换"滤镜可用另一幅.psd 图像中的颜色、形状和纹理等来改变当前图像的扭曲方式，最终将两个图像组合在一起，产生不定方向的位移效果。图 8-53 为原图，执行菜单中的"滤镜|扭曲|置换"命令，在弹出的如图 8-54 所示的对话框中，单击"确定"按钮。然后在弹出的对话框中选择图 8-55 所示的置换图，单击"打开"按钮，效果如图 8-56 所示。

图 8-53　原图　　　　　　　　　　图 8-54　"置换"对话框

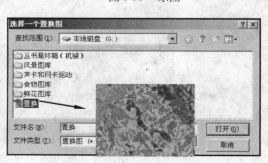

图 8-55　选择"置换"图　　　　　　　图 8-56　"置换"效果

8.3.3 "杂色"滤镜组

"杂色"滤镜组用于向图像中添加杂色，或是从图像中移去杂色，该类别滤镜命令位于"滤镜"菜单的"杂色"子菜单中，包括5种滤镜，全部都不可以在滤镜库中使用。下面就来介绍常用的几种滤镜。

1. 减少杂色

"减少杂色"滤镜用于去除图像中的杂色。图8-57为原图，执行菜单中的"滤镜|杂色|减少杂色"命令，在弹出的如图8-58所示的对话框中设置相应参数后，单击"确定"按钮，效果如图8-59所示。

图8-57　原图

图8-58　"减少杂色"对话框

图8-59　"减少杂色"后的效果

2. 去斑

"去斑"滤镜用于探测图像中有明显颜色改变的区域，并模糊出边缘外选区的所有部分。此效果可在去掉杂色的同时保留细节，此滤镜不需要设置参数。图8-60为原图，执行菜单中的"滤镜|杂色|去斑"命令，效果如图8-61所示。

图 8-60　原图　　　　　　　　　　　　　　图 8-61　"去斑"效果

3. 添加杂色

"添加杂色"滤镜会在图像上随机添加一些杂点，也可用来减少羽化选区或渐变填充中的色带。图 8-62 为原图，执行菜单中的"滤镜 | 杂色 | 添加杂色"命令，弹出如图 8-63 所示的对话框。在该对话框中，"数量"用于设置杂点数目，取值越大则杂点越多；"分布"选项组中有"平均分布"和"高斯分布"两个选项可供选择；选择"单色"复选框，则将杂点应用于图像中的像素，而不改变其颜色，单击"确定"按钮，效果如图 8-64 所示。

图 8-62　原图　　　　　图 8-63　"添加杂色"对话框　　　图 8-64　"添加杂色"效果

8.3.4　"模糊"滤镜组

"模糊"滤镜组用于柔化图像，该类别滤镜命令位于"滤镜"菜单的"模糊"子菜单中，包括 11 种滤镜，全部都不可以在滤镜库中使用。下面就来介绍常用的几种滤镜。

1. 动感模糊

"动感模糊"滤镜类似于给移动物体拍照。图 8-65 为原图，执行菜单中的"滤镜 | 模糊 | 动感模糊"命令，弹出如图 8-66 所示的对话框。在该对话框中，拖动"角度"转盘可以调整模糊的方向，拖动"距离"滑快可以调整模糊的程度，单击"确定"按钮，效果如图 8-67 所示。

2. 形状模糊

"形状模糊"滤镜可以根据选择的形状对图像进行模糊处理。图 8-68 为原图，执行菜单中的"滤镜 | 模糊 | 形状模糊"命令，在弹出的如图 8-69 所示的对话框中选择相应的形状，单击"确定"按钮，效果如图 8-70 所示。

图 8-65　原图　　　图 8-66　"动感模糊"对话框　　图 8-67　"动感模糊"效果

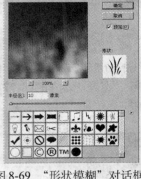

图 8-68　原图　　　图 8-69　"形状模糊"对话框　　图 8-70　"形状模糊"效果

3. 表面模糊

"表面模糊"滤镜可对图像的表面高亮部分进行模糊处理。图 8-71 为原图，执行菜单中的"滤镜|模糊|表面模糊"命令，在弹出的如图 8-72 所示的对话框中设置相应参数后，单击"确定"按钮，效果如图 8-73 所示。

图 8-71　原图　　　图 8-72　"表面模糊"对话框　　图 8-73　"表面模糊"效果

4. 镜头模糊

"镜头模糊"滤镜可以减小图像的景深，使图像的主体在保持聚焦的同时，其余部分变模糊。图 8-74 为原图，执行菜单中的"滤镜|模糊|镜头模糊"命令，弹出如图 8-75 所示的对话框，此时在预览框中可看到相应效果，设置完成后，单击"确定"按钮即可。

图 8-74　原图

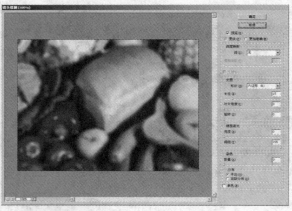

图 8-75　"镜头模糊"效果

5. 高斯模糊

"高斯模糊"滤镜可利用高斯曲线的分布模式，有选择的模糊图像。图 8-76 为原图，执行菜单中的"滤镜 | 模糊 | 高斯模糊"命令，在弹出的如图 8-77 所示的对话框中设置相应参数后，单击"确定"按钮，效果如图 8-78 所示。

图 8-76　原图

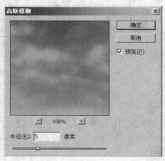

图 8-77　"高斯模糊"对话框

图 8-78　"高斯模糊"效果

6. 径向模糊

"径向模糊"滤镜是一种比较特殊的模糊滤镜，它可以将图像围绕一个指定的圆心，沿着圆的圆周或半径方向模糊产生模糊效果。执行菜单中的"滤镜 | 模糊 | 径向模糊"命令，在弹出的如图 8-79 所示的对话框中设置相应参数后，单击"确定"按钮，效果如图 8-80 所示。

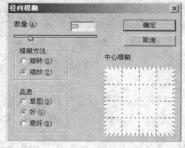

图 8-79　"径向模糊"对话框

图 8-80　"径向模糊"效果

8.3.5　"渲染"滤镜组

"渲染"滤镜组位于"滤镜"菜单下的"渲染"子菜单中，包括以下 5 种滤镜，全部都不可以在滤镜库中使用。

1. 云彩

"云彩"滤镜可以使用位于前景色和背景色之间的颜色随机生成云彩状图案，并填充到当前选区或图像中。该滤镜没有选项对话框。图 8-81 为原图，执行菜单中的"滤镜|渲染|云彩"命令，效果如图 8-82 所示。

图 8-81　原图　　　　　　　　　　　　　　图 8-82　"云彩"效果

2. 分层云彩

"分层云彩"滤镜的作用与"云彩"云彩类似，区别在于"云彩"滤镜生成的云彩图案将替换图像中的原有图案，而"分层云彩"滤镜生成的云彩图案将按"插值"模式与原有图像混合。

3. 光照效果

"光照效果"滤镜可以为图像增加复杂的光照效果。图 8-83 为原图，执行菜单中的"滤镜|渲染|光照效果"命令，弹出如图 8-84 所示的对话框。在该对话框中其控制参数可以分为 4 大类：样式、光照类型、属性和纹理。"样式"选项中提供了 17 种光照类型和光照属性各不相同的灯光效果；"光照类型"中有"平行光"、"全光源"和"点光" 3 种类型；"属性"中可以设置"光泽"、"材料"、"曝光度"和"环境"，单击右侧颜色块，可以在弹出的"拾色器"对话框中选择环境光的颜色；"纹理通道"中可以选择作用通道，生成不同的浮雕效果。单击"确定"按钮，效果如图 8-85 所示。

4. 纤维

"纤维"滤镜可以使用当前的前景色和背景色生成一种类似于纤维的纹理效果。执行菜单中的"滤镜|渲染|纤维"命令，弹出如图 8-86 所示的对话框。在该对话框中，拖动"差异"和"强度"滑块，可以控制纤维的颜色变化，单击"随机化"按钮，则可根据当前设置随机生成一个纤维图案，单击"确定"按钮，效果如图 8-87 所示。

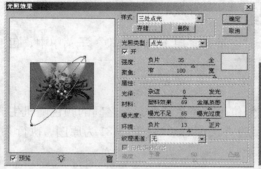

图 8-83　原图　　　　　图 8-84　"光照效果"对话框　　　　图 8-85　"光照效果"效果

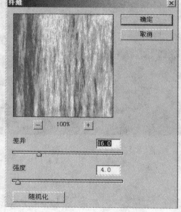

图 8-86　"纤维"对话框　　　　　　　　　图 8-87　"纤维"效果

5. 镜头光晕

　　"镜头光晕"滤镜可以在图像中模拟照相时的光晕效果。图 8-88 为原图，执行菜单中的"滤镜|渲染|镜头光晕"命令，在弹出的如图 8-89 所示的对话框中设置相应参数后，单击"确定"按钮，效果如图 8-90 所示。

图 8-88　原图　　　　　图 8-89　"镜头光晕"对话框　　　　图 8-90　"镜头光晕"效果

8.3.6 "画笔描边"滤镜组

"画笔描边"滤镜组位于"滤镜"菜单的"画笔描边"子菜单中，包括 8 种滤镜，全部都可以在滤镜库中使用。下面就来介绍常用的几种滤镜。

1. 喷溅

"喷溅"滤镜用于模拟喷枪的效果。图 8-91 为原图，执行菜单中的"滤镜 | 画笔描边 | 喷溅"命令，在弹出的对话框右侧设置参数，如图 8-92 所示，单击"确定"按钮，效果如图 8-93 所示。

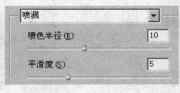

图 8-91 原图   图 8-92 设置"喷溅"参数   图 8-93 "喷溅"效果

2. 喷色描边

"喷色描边"滤镜用于模拟喷溅式的线条绘制图像的效果。执行菜单中的"滤镜 | 画笔描边 | 喷色描边"命令，在弹出的对话框右侧设置参数，如图 8-94 所示，单击"确定"按钮，效果如图 8-95 所示。

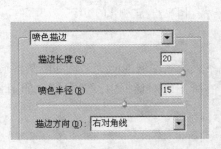

图 8-94 设置"喷色描边"参数   图 8-95 "喷色描边"效果

3. 墨水轮廓

"墨水轮廓"滤镜通过用纤细的线条重绘图像来模拟钢笔画风格。执行菜单中的"滤镜 | 画笔描边 | 墨水轮廓"命令，在弹出的对话框中设置参数，如图 8-96 所示，单击"确定"按钮，效果如图 8-97 所示。

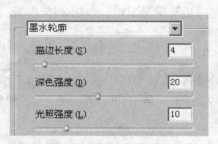

图 8-96　设置"墨水轮廓"参数　　　　　　图 8-97　　"墨水轮廓"效果

4. 强化的边缘

"强化的边缘"滤镜可以查找并强化图像中的边缘。执行菜单中的"滤镜|画笔描边|强化的边缘"命令，在弹出的对话框中设置参数，如图 8-98 所示，单击"确定"按钮，效果如图 8-99 所示。

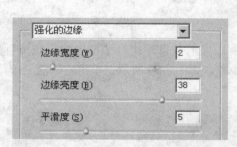

图 8-98　设置"强化的边缘"参数　　　　　图 8-99　　"强化的边缘"效果

5. 成角的线条

"成角的线条"滤镜可以分别使用两种角度的线条来绘制图像的明亮区域和阴暗区域。执行菜单中的"滤镜|画笔描边|成角的线条"命令，在弹出的对话框中设置参数，如图 8-100 所示，单击"确定"按钮，效果如图 8-101 所示。

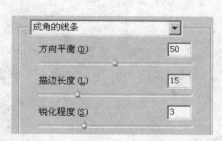

图 8-100　设置"成角的线条"参数　　　　　图 8-101　　"成角的线条"效果

8.3.7　"素描"滤镜组

"素描"滤镜组位于"滤镜"菜单下的"滤镜"子菜单中，包括 14 种滤镜，全部都可以在滤镜库中使用。下面就来介绍常用的几种滤镜。

1. 便条纸

"便条纸"滤镜可以模拟用手工制作的纸张绘制图像效果。图 8-102 为原图，执行菜单中的"滤镜|素描|便条纸"命令，在弹出的对话框中设置参数，如图 8-103 所示，单击"确定"按钮，效果如图 8-104 所示。

图 8-102　原图　　　　图 8-103　设置"便条纸"参数　　　　图 8-104　"便条纸"效果

2. 半调图案

"半调图案"滤镜可在保持连续色调范围的同时，模拟半调网屏的效果。该滤镜提供了"网点"、"圆形"、"直线"3 种图案类型。执行菜单中的"滤镜|素描|半调图案"命令，在弹出的对话框中设置参数，如图 8-105 所示，单击"确定"按钮，效果如图 8-106 所示。

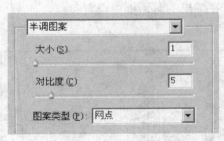

图 8-105　设置"半调图案"参数　　　　图 8-106　"半调图案"效果

3. 基底凸现

"基底凸现"滤镜可模拟浅浮雕在光照下的效果。执行菜单中的"滤镜|素描|基底凸现"命令，在弹出的对话框中设置参数，如图 8-107 所示，单击"确定"按钮，效果如图 8-108 所示。

4. 塑料效果

"塑料效果"滤镜用于模拟使用塑料片制作图像的效果。执行菜单中的"滤镜|素描|塑料效果"命令，在弹出的对话框中设置参数，如图 8-109 所示，单击"确定"按钮，效果如图 8-110 所示。

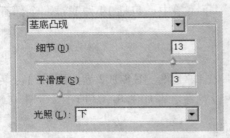

图 8-107 设置"基底凸现"参数

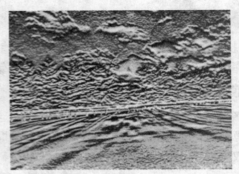

图 8-108 "基底凸现"效果

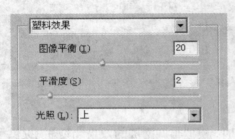

图 8-109 设置"塑料效果"效果

图 8-110 "塑料效果"效果

5. 影印

"影印"滤镜用于模拟图像影印的效果，图像的主要轮廓用前景色勾勒，其余部分使用背景色。执行菜单中的"滤镜 | 素描 | 影印"命令，在弹出的对话框中设置参数，如图 8-111 所示，单击"确定"按钮，效果如图 8-112 所示。

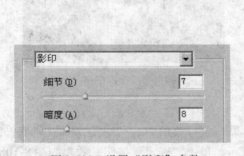

图 8-111 设置"影印"参数

图 8-112 "影印"效果

6. 撕边

"撕边"滤镜用于模拟撕破的纸片效果，是用于文字或高对比度图像。执行菜单中的"滤镜 | 素描 | 撕边"命令，在弹出的"滤镜库"对话框中设置参数，如图 8-113 所示，单击"确定"按钮，效果如图 8-114 所示。

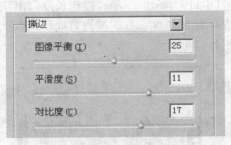

图 8-113　设置"撕边"参数　　　　　图 8-114　"撕边"效果

7. 水彩画纸

"水彩画纸"滤镜用于模拟在潮湿的纤维纸上涂抹绘画的效果。执行菜单中的"滤镜|素描|水彩画纸"命令，在弹出的对话框中设置参数，如图 8-115 所示，单击"确定"按钮，效果如图 8-116 所示。

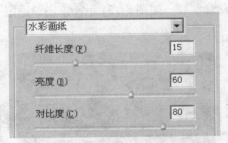

图 8-115　设置"水彩画纸"参数　　　　图 8-116　"水彩画纸"效果

8. 炭精笔

"炭精笔"滤镜用于模拟使用炭精笔绘制图像的效果，在暗区使用前景色绘制，在亮区使用背景色绘制。执行菜单中的"滤镜|素描|炭精笔"命令，在弹出的对话框中设置参数，如图 8-117 所示，单击"确定"按钮，效果如图 8-118 所示。

图 8-117　设置"炭精笔"参数　　　　图 8-118　"炭精笔"效果

9. 绘图笔

"绘图笔"滤镜用于模拟一定方向的线状油墨重绘图像的效果。执行菜单中的"滤镜|素

描|绘图笔"命令，在弹出的对话框中设置参数如图 8-119 所示，拖动"描边长度"滑块可以调整线条的长度，拖动"明/暗平衡"滑块可以调整明暗的平衡。在"描边方向"列表框中可以选择线条的方向，单击"确定"按钮，效果如图 8-120 所示。

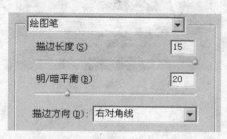

图 8-119　设置"绘图笔"参数

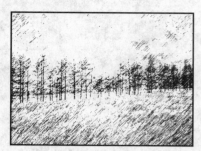

图 8-120　"绘图笔"效果

10. 网状

"网状"滤镜用于将图像的暗调区域转换为结块状，将高光区域转换为颗粒状。执行菜单中的"滤镜|素描|网状"命令，在弹出的对话框中设置参数，如图 8-121 示，单击"确定"按钮，效果如图 8-122 所示。

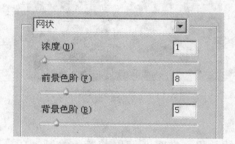

图 8-121　设置"网状"参数

图 8-122　"网状"效果

11. 铬黄渐变

"铬黄渐变"滤镜可模拟图像表面的金属光泽。执行菜单中的"滤镜|素描|铬黄渐变"命令，在弹出的对话框中设置参数，如图 8-123 所示，拖动"细节"滑块可以调整细节的表现程度，拖动"平滑度"滑块可以调整平滑度，单击"确定"按钮，效果如图 8-124 所示。

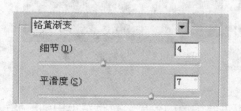

图 8-123　设置"铬黄渐变"参数

图 8-124　"铬黄渐变"效果

8.3.8　"纹理"滤镜组

"纹理"滤镜组可以赋予图像各种各样的纹理，该类别滤镜命令位于"滤镜"菜单的"纹理"子菜单中，包括以下 6 种滤镜，全部都可以在滤镜库中使用。

1. 拼缀图

"拼缀图"滤镜用于将图像分解为许多拼贴方块，并选取图像中的颜色填充各正方形。图 8-125 为原图，执行菜单中的"滤镜|纹理|拼缀图"命令，在弹出的对话框中设置参数，如图 8-126 所示，单击"确定"按钮，效果如图 8-127 所示。

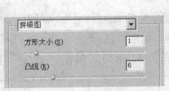

图 8-125　原图　　　图 8-126　设置"拼缀图"参数　　　图 8-127　"拼缀图"效果

2. 染色玻璃

"染色玻璃"滤镜用于模拟透过花玻璃看到图像的效果。执行菜单中的"滤镜|纹理|染色玻璃"命令，在弹出的对话框中设置参数，如图 8-128 所示，单击"确定"按钮，效果如图 8-129 所示。

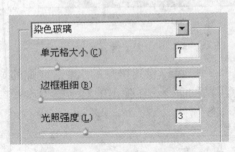
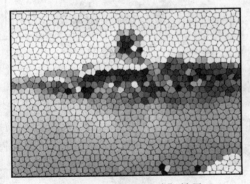

图 8-128　设置"染色玻璃"参数　　　图 8-129　"染色玻璃"效果

3. 纹理化

"纹理化"滤镜可以为图像应用指定的纹理。执行菜单中的"滤镜|纹理|纹理化"命令，弹出如图 8-130 所示的对话框。在该对话框的"纹理"下拉列表中，可以选择"画布"、"粗麻布"、"砖形"和"砂岩"等纹理；拖动"缩放"滑块可以缩放纹理（调整其显示比例），拖动"凸现"滑块可以调整纹理的凸现程度，在"光照"下拉列表中可以选择光照的方向，单击"确定"按钮，效果如图 8-131 所示。

图 8-130　设置"纹理化"参数

图 8-131　"纹理化"效果

4. 颗粒

　　"颗粒"滤镜可以将各种不同种类的颗粒纹理添加到图像中。执行菜单中的"滤镜|纹理|颗粒"命令，弹出的如图 8-132 所示的对话框。在该对话框的"颗粒类型"下拉列表中可以选择"常规"、"柔和"、"喷洒"等颗粒种类，单击"确定"按钮，效果如图 8-133 所示。

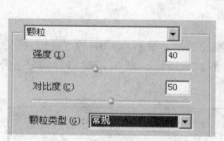

图 8-132　设置"颗粒"参数

图 8-133　"颗粒"效果

5. 马赛克拼贴

　　"马赛克拼贴"滤镜可将图像分解为许多拼贴块，用户可以设置拼贴的大小、缝隙的宽度，并可加亮缝隙。执行菜单中的"滤镜|纹理|马赛克拼贴"命令，在弹出的对话框中设置参数，如图 8-134 所示，单击"确定"按钮，效果如图 8-135 所示。

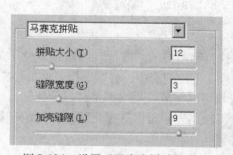

图 8-134　设置"马赛克拼贴"参数

图 8-135　"马赛克拼贴"效果

6. 龟裂缝

"龟裂缝"滤镜可使图像表面产生一种龟裂的效果。执行菜单中的"滤镜|纹理|龟裂缝"命令，在弹出的对话框中设置参数，如图 8-136 所示，单击"确定"按钮，效果如图 8-137 所示。

图 8-136　设置"龟裂缝"参数

图 8-137　"龟裂缝"效果

8.3.9　"艺术效果"滤镜组

"艺术效果"滤镜组位于"滤镜"菜单的"艺术效果"子菜单中，包括 15 种滤镜，全部都可以在滤镜库中使用。下面就来介绍常用的几种滤镜。

1. 塑料包装

"塑料包装"滤镜用于模拟给图像中的物体包裹一层发光塑料膜的效果。图 8-138 为原图，执行菜单中的"滤镜|艺术效果|塑料包装"命令，在弹出的对话框中设置参数，如图 8-139 所示，单击"确定"按钮，效果如图 8-140 所示。

图 8-138　原图

图 8-139　设置"塑料包装"参数

图 8-140　"塑料包装"效果

2. 底纹效果

"底纹效果"用于模拟在带纹理的背景上绘制图像的效果。执行菜单中的"滤镜|艺术效果|底纹效果"命令，弹出如图 8-141 所示的对话框。在该对话框中，拖动"画笔大小"滑块可以调整画笔的大小，拖动"纹理覆盖"滑块可以调整纹理的覆盖程度，单击"确定"按钮，效果如图 8-142 所示。

图 8-141 设置"底纹效果"参数

图 8-142 "底纹效果"效果

3. 彩色铅笔

"彩色铅笔"滤镜用于模拟彩色铅笔在纯色背景上绘制图像的效果。执行菜单中的"滤镜 | 艺术效果 | 彩色铅笔"命令，在弹出的对话框中设置参数，如图 8-143 所示，单击"确定"按钮，效果如图 8-144 所示。

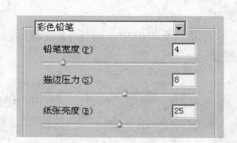

图 8-143 设置"彩色铅笔"参数

图 8-144 "彩色铅笔"效果

4. 木刻

"木刻"滤镜用于模拟彩色纸片组成图像的效果。执行菜单中的"滤镜 | 艺术效果 | 木刻"命令，弹出如图 8-145 所示的对话框。在该对话框中，拖动"色阶数"滑块可以调整色阶的数量，拖动"边缘简化度"滑块可以调整边缘部分的简化程度，拖动"边缘逼真度"滑块可以调整边缘部分的逼真程度。单击"确定"按钮，效果如图 8-146 所示。

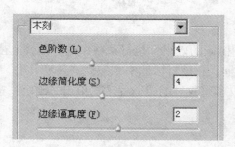

图 8-145 设置"木刻"参数

图 8-146 "木刻"效果

5. 水彩

"水彩"滤镜用于模拟水彩画的风格。执行菜单中的"滤镜|艺术效果|水彩"命令，在弹出的对话框中设置参数，如图 8-147 所示，单击"确定"按钮，效果如图 8-148 所示。

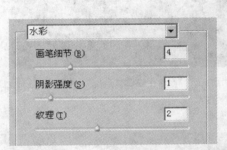

图 8-147　设置"水彩"参数

图 8-148　"水彩"效果

6. 海报边缘

"海报边缘"滤镜可根据设置的"海报化"选项减少图像中的颜色数量（色调分离），并查找图像的边缘，在边缘上绘制黑色线条。图像中大而宽的区域有简单的阴影，而细小的深色细节遍布图像。执行菜单中的"滤镜|艺术效果|海报边缘"命令，在弹出的对话框中设置参数，如图 8-149 所示，单击"确定"按钮，效果如图 8-150 所示。

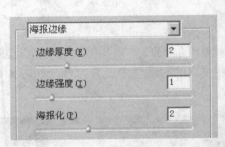

图 8-149　设置"海报边缘"参数

图 8-150　"海报边缘"效果

7. 海绵

"海绵"滤镜可以创建带对比颜色的强纹理图像，使图像看上去好像是用海绵绘制的。执行菜单中的"滤镜|艺术效果|海绵"命令，在弹出的对话框中设置参数，如图 8-151 所示，单击"确定"按钮，效果如图 8-152 所示。

8. 粗糙蜡笔

"粗糙蜡笔"滤镜用于模拟彩色粉笔在纹理背景上描边的效果。执行菜单中的"滤镜|艺术效果|粗糙蜡笔"命令，在弹出的对话框中设置参数，如图 8-153 所示，单击"确定"按钮，效果如图 8-154 所示。

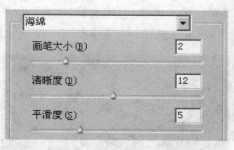

图 8-151　设置"海绵"参数

图 8-152　"海绵"效果

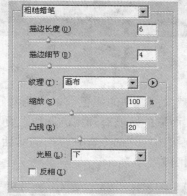

图 8-153　设置"粗糙蜡笔"参数

图 8-154　"粗糙蜡笔"效果

9. 调色刀

　　"调色刀"滤镜可以使相近的颜色融合，减少图像中的细节，产生类似大写意的笔法效果。执行菜单中的"滤镜 | 艺术效果 | 调色刀"命令，在弹出的对话框中设置参数，如图 8-155 所示，单击"确定"按钮，效果如图 8-156 所示。

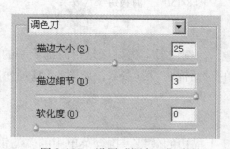

图 8-155　设置"调色刀"参数

图 8-156　"调色刀"效果

10. 霓虹灯光

　　"霓虹灯光"滤镜可以使图像呈现霓虹灯般发光效果，并可调整霓虹灯的亮度及辉光的颜

色。执行菜单中的"滤镜|艺术效果|霓虹灯光"命令,在弹出的对话框中设置参数,如图 8-157 所示,单击"确定"按钮,效果如图 8-158 所示。

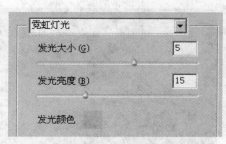

图 8-157　设置"霓虹灯光"参数　　　　图 8-158　"霓虹灯光"效果

8.3.10　"视频"滤镜组

"视频"滤镜组用于视频图像的输入和输出,该类别滤镜位于"滤镜"菜单下的"视频"子菜单中,包括"NTSC 颜色"和"逐行"滤镜。其中,"NTSC 颜色"滤镜可以将图像中不能显示在普通电视机上的颜色转换为最接近的可以显示的颜色。"逐行"滤镜可以将视频图像中的奇数或偶数行线移除,使从视频捕捉的图像变得平滑。

8.3.11　"锐化"滤镜组

"锐化"滤镜组可以增加相邻像素的对比度,以聚焦模糊的图像。该类别滤镜命令位于"滤镜"菜单的"锐化"子菜单中,包括以下 5 种滤镜,全部都不可以在滤镜库中使用。

1. USM 锐化

"USM 锐化"滤镜可以根据用户指定的选项来锐化图像。图 8-159 为原图,执行菜单中的"滤镜|锐化|USM 锐化"命令,弹出如图 8-160 所示的对话框。在该对话框中,拖动"数量"滑块可以调整锐化程度,拖动"半径"滑块可以调整边缘像素周围影响锐化的像素项目,拖动"阈值"滑块可以调整被作为边缘像素的色阶条件,即像素的色阶与周围区域相差多少以上时才被滤镜看做边缘像素而被锐化,单击"确定"按钮,效果如图 8-161 所示。

图 8-159　原图　　　图 8-160　"USM 锐化"对话框　　　图 8-161　"USM 锐化"效果

2. 智能锐化

"智能锐化"滤镜可精确调节锐化的各种参数。执行菜单中的"滤镜|锐化|智能锐化"命令，在弹出的对话框中设置参数，如图 8-162 所示，单击"确定"按钮，效果如图 8-163 所示。

图 8-162　设置"智能锐化"参数　　　　图 8-163　"智能锐化"效果

3. "锐化"和"进一步锐化"

"锐化"和"进一步锐化"滤镜都用于聚焦图像以提高其清晰度，区别在于"进一步锐化"滤镜比"锐化"滤镜的锐化强度更大。这两个滤镜都没有选项对话框，在实际应用中，可以连续多次应用这两个滤镜以增强锐化度。

4. 锐化边缘

"锐化边缘"滤镜与前两种滤镜稍有不同，它会自动查找图像中的边缘，并只将锐化效果应用于边缘，图像中的其他区域不受影响。"锐化边缘"滤镜也没有选项对话框。

8.3.12 "风格化"滤镜组

"风格化"滤镜组通过置换像素和通过查找并增加图像的对比度，在选区中生成绘画或印象派的效果。该类别滤镜命令位于"滤镜"菜单的"风格化"子菜单中，包括 9 种滤镜，其中只有"照亮边缘"滤镜可以在滤镜库中使用。下面就来介绍常用的几种滤镜。

1. 扩散

"扩散"滤镜可以搅乱图像中的像素，使图像产生一种不聚焦的感觉。执行菜单中的"滤镜|风格化|扩散"命令，在弹出的对话框中设置参数，如图 8-164 所示，单击"确定"按钮，效果如图 8-165 所示。

2. 拼贴

"拼贴"滤镜可以将图像分解为多个拼贴块，并使每块拼贴做一定偏移。执行菜单中的"滤镜|风格化|拼贴"命令，弹出如图 8-166 所示的对话框。在该对话框中"拼贴数"用于设置拼贴块的数量，"最大位移"用于设置拼贴的最大位移量。在下面的单选按钮中可以选择采用的背景色、前景色、图像内容或图像内容的反相来填充拼贴块位移后留下的空白区域，单击"确定"按钮，效果如图 8-167 所示。

图 8-164　设置"扩散"参数

图 8-165　"扩散"效果

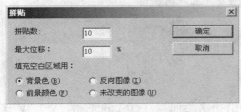

图 8-166　"拼贴"对话框

图 8-167　"拼贴"效果

3. 曝光过度

"曝光过度"滤镜用于模拟在显影过程中将照片短暂曝光的效果。该滤镜没有选项对话框。执行菜单中的"滤镜 | 风格化 | 曝光过度"命令，效果如图 8-168 所示。

4. 查找边缘

"查找边缘"滤镜可以查找并用黑色线条勾勒图像的边缘。该滤镜没有选项对话框。执行菜单中的"滤镜 | 风格化 | 查找边缘"命令，效果如图 8-169 所示。

图 8-168　"曝光过度"效果

图 8-169　"查找边缘"效果

5. 浮雕效果

"浮雕效果"滤镜通过勾画图像或选区的轮廓和降低周围色值来产生浮雕效果。执行菜单中的"滤镜 | 风格化 | 浮雕效果"命令，在弹出的对话框中设置参数，如图 8-170 所示，单击"确定"按钮，效果如图 8-171 所示。

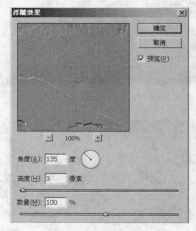

图 8-170 设置"浮雕效果"参数

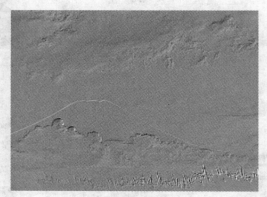

图 8-171 浮雕效果

6. 照亮边缘

"照亮边缘"滤镜可以查找图像中的边缘，并沿边缘添加霓虹灯式的光亮效果。执行菜单中的"滤镜 | 风格化 | 照亮边缘"命令，在弹出的"滤镜库"对话框中设置参数，如图 8-172 所示，单击"确定"按钮，效果如图 8-173 所示。

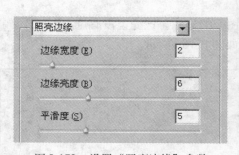

图 8-172 设置"照亮边缘"参数

图 8-173 "照亮边缘"效果

7. 风

"风"滤镜用于模拟风吹的效果。执行菜单中的"滤镜 | 风格化 | 风"命令，在弹出的对话框中设置参数，如图 8-174 所示，单击"确定"按钮，效果如图 8-175 所示。

图 8-174 设置"风"参数   图 8-175 "风"效果

8.3.13 "其他"滤镜组

"其他"滤镜组位于"滤镜"菜单的"其他"子菜单中，包括以下 5 种滤镜。

1. 位移

"位移"滤镜可以将图像移动指定的水平量或垂直量。图 8-176 为原图，选中太阳选区后执行菜单中的"滤镜|其他|位移"命令，在弹出的对话框中设置参数，如图 8-177 所示，单击"确定"按钮，效果如图 8-178 所示。

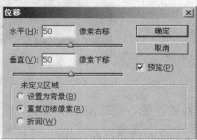

图 8-176 原图   图 8-177 设置"位移"参数   图 8-178 "位移"效果

2. 最大值

"最大值"滤镜可以用指定半径范围内的像素的最大亮度替换当前像素的亮度值，从而扩大高光区域。执行菜单中的"滤镜|其他|最大值"命令，在弹出的对话框中设置参数，如图 8-179 所示，单击"确定"按钮，效果如图 8-180 所示。

3. 最小值

"最小值"滤镜可以用指定半径范围内的像素的最小亮度值替换当前像素的亮度值，从而缩小高光区域，扩大暗调区域。执行菜单中的"滤镜|其他|最小值"命令，在弹出的对话框中设置参数，如图 8-181 所示，单击"确定"按钮，效果如图 8-182 所示。

图 8-179 设置"最大值"参数

图 8-180 "最大值"效果

图 8-181 设置"最小值"参数

图 8-182 "最小值"效果

4. 自定

"自定"滤镜是一个比较特殊的滤镜，该滤镜中没有定义图像的处理方法，而是由用户自己指定一个计算关系来更改图像中每个像素的亮度值，每个像素的亮度都是通过该像素本身及其周围像素的亮度值计算而得到的。执行菜单中的"滤镜|其他|自定"命令，在弹出的对话框中设置参数，如图 8-183 所示，单击"确定"按钮，效果如图 8-184 所示。

图 8-183 设置"自定"参数

图 8-184 "自定"效果

5．高反差保留

"高反差保留"滤镜可以忽略图像中颜色反差较低的区域的细节，而保留颜色反差较高的区域的细节。执行菜单中的"滤镜|其他|高反差保留"命令，在弹出的对话框中设置参数，如图8-185所示，单击"确定"按钮，效果如图8-186所示。

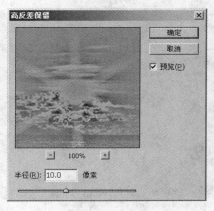

图8-185　设置"高反差保留"参数　　　　图8-186　"高反差保留"效果

8.3.14　Digimarc 滤镜

与其他滤镜组不同，"Digimarc 滤镜"组的功能并不是通过某种特技效果来处理图像，而是将数字水印嵌入到图像中以储存著作权信息，或是从图像中读出已嵌入的著作权信息。该类别滤镜命令位于"滤镜"菜单下的"Digimarc"子菜单中，包括"读取水印"和"嵌入水印"。

使用"嵌入水印"滤镜可以著作权信息以数字水印的形式添加到 Photoshop 图像中，数字水印的实质是添加到图像中的杂色，通常人眼看不到这种水印。如果图像中已存在水印，可以通过"读取水印"滤镜将其读出来。

8.4　使用 Photoshop CS4 中的特殊滤镜

Photoshop CS4 除了前面介绍的普通滤镜外，还包括"液化"和"消失点"两种特殊滤镜，下面就来具体介绍这两种滤镜的使用方法。

8.4.1　液化

"液化"命令可以创建出图像弯曲、旋转和变形的效果。具体操作步骤如下：

1）打开一幅要"液化"的图像，执行菜单中的"滤镜|液化"命令，弹出的"液化"对话框，如图8-187所示。

2）选择左侧的 (向前变形工具)，设置"画笔大小"和"画笔压力"，接着移动鼠标指针到预览框的图像上拖动鼠标，就可以对图像进行变形处理了，效果如图8-188所示。

提示：根据需要还可以选择 (顺时针旋转扭曲工具)、 (褶皱工具)、 (膨胀工具)、 (左推工具)、 (镜像工具)、 (喘流工具) 进行变形处理。

图 8-187 "液化"对话框

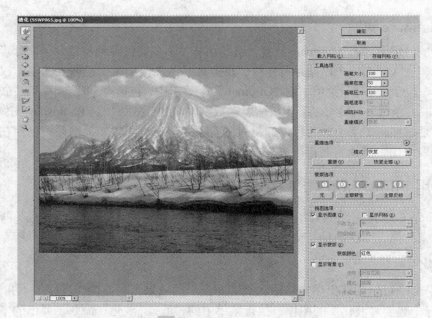

图 8-188 利用 ⚋(向前变形工具)对图像进行变形处理

3)单击"确定"按钮,从而完成"液化"操作。

8.4.2 消失点

在消失点滤镜工具选定的图像区域内进行复制、喷绘、粘贴图像等操作时,会自动应用透视原理,按照透视的角度和比例来自动适应图像的修改,从而大大节约精确设计和修饰照片所需的时间。其具体应用请详见"8.5.4 制作包装盒的透视效果"。

8.5　实例讲解

本节我们将通过 4 个实例来对 Photoshop CS4 滤镜的相关知识进行具体应用，旨在帮助读者能够举一反三，快速掌握滤镜的相关知识。

8.5.1　制作火焰字效果

要点：

本例将制作火焰字效果，如图 8-189 所示。通过本例的学习，应掌握模式转换与滤镜的综合应用。

图 8-189　火焰字效果

操作步骤：

1）执行菜单中的"文件|新建"命令（快捷键〈Ctrl+N〉），在弹出的"新建"对话框中设置参数如图 8-190 所示，然后单击"确定"按钮，从而新建一个图像文件。

2）接着用黑色（RGB（0，0，0））填充图像。然后选择工具箱上的 T（横排文本工具），字体为隶书，字号为 200 点，字色设为白色，然后在图像上输入文字"火焰"，效果如图 8-191 所示。

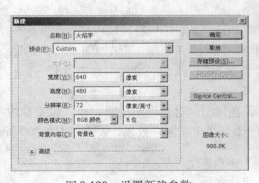

图 8-190　设置新建参数

图 8-191　输入文字

3）按住〈Ctrl〉键单击文字图层，从而获得文字选区，效果如图 8-192 所示。

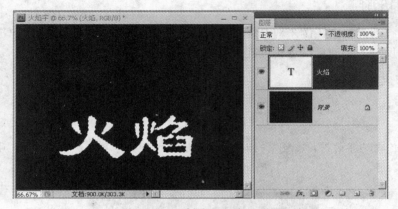

图 8-192　创建文字选区

4）存储通道以便于以后载入选区。方法：保持选区不消失，执行菜单中的"选择|存储选区"命令，在弹出的对话框中保持默认参数，如图 8-193 所示，单击"确定"按钮。此时通道中会出现一个 Alpha 1 通道，如图 8-194 所示。

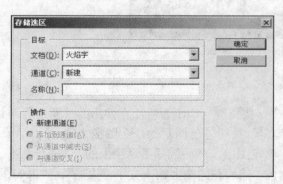

图 8-193　保持默认参数

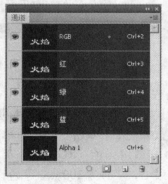

图 8-194　产生 Alpha1 通道

5）按快捷键〈Ctrl+D〉取消选区。

6）回到图层面板，单击图层面板右上角的小三角，在弹出的下拉菜单中选择"合并图层"命令，效果如图 8-195 所示。

7）为了使最终文字出现红边效果，执行菜单中的"滤镜|模糊|高斯模糊"命令，在弹出的对话框中设置参数，如图 8-196 所示，然后单击"确定"按钮，效果如图 8-197 所示。

8）制作火焰效果。方法：执行菜单中的"图像|旋转画布|90 度（顺时针）"命令，效果如图 8-198 所示。

9）执行菜单中的"滤镜|风格化|风"命令，在弹出的对话框中设置参数，如图 8-199 所示，然后单击"确定"按钮。接着重复执行"风"命令两次以增强效果，效果如图 8-200 所示。

提示： 如果风效果不明显，可以使用快捷键〈Ctrl+F〉多次执行"风"效果。

图 8-195　合并图层

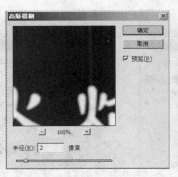

图 8-196　设置"高斯模糊"参数

图 8-197　高斯模糊效果

图 8-198　旋转画布

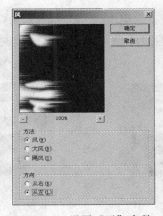

图 8-199　设置"风"参数

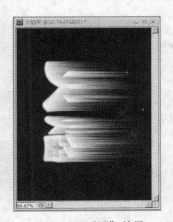

图 8-200　"风"效果

10）执行菜单中的"图像|旋转画布|90 度（逆时针）"命令，将图像调整回来，效果如图 8-201 所示。

11）给火焰上色。方法：执行菜单中的"图像|模式|灰度"命令，在弹出的如图 8-202 所示的对话框中单击"确定"按钮，将图像转换为灰度模式。然后执行菜单中的"图像|模式|索引色"命令，将图像转换为索引色模式。接着执行菜单菜单中的"图像|模式|颜色表"命令，在弹出的对话框中选择"黑体"颜色表，如图 8-203 所示，然后单击"确定"按钮，效果如图 8-204 所示。

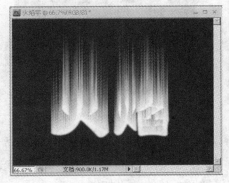

图 8-201　旋转画布

图 8-202　提示对话框

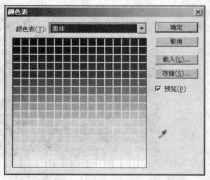

图 8-203　选择"黑体"

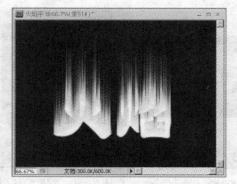

图 8-204　"黑体"效果

12）新建图层，而当前图像是索引色模式，如图 8-205 所示。为此，需执行菜单中的"图像|模式|RGB 颜色"命令，将图像转换为 RGB 模式，此时就可以新建图层了，如图 8-206 所示。

图 8-205　索引模式"图层

图 8-206　"RGB 模式"图层

13）新建"图层 1"，然后执行菜单中的"选择|载入选区"命令，在弹出的对话框中设置参数，如图 8-207 所示，然后单击"确定"按钮，从而载入 Alpha 1 选区。

14）确认当前层为"图层 1"，用黑色填充选区，效果如图 8-208 所示。

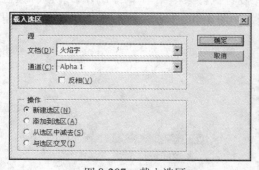

图 8-207　载入选区

图 8-208　用黑色填充选区

15）按键盘上的〈D〉键，将前景色设置为默认的黑色，背景色设置为默认的白色。执行菜单中的"滤镜|艺术效果|塑料包装"命令，在弹出的对话框中设置如图 8-209 所示，然后单击"确定"按钮。接着按快捷键〈Ctrl+D〉取消选区，最终效果如图 8-210 所示。

图 8-209　设置"塑料包装"参数

图 8-210　最终效果

8.5.2　制作深邃的洞穴效果

 要点：

本例将制作深邃的洞穴效果，如图 8-211 所示。通过本例的学习，应掌握滤镜及图层的综合应用。

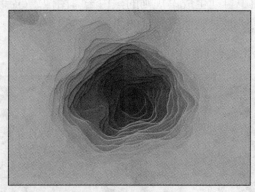

图 8-211　深邃的洞穴效果

 操作步骤：

1）执行菜单中的"文件｜新建"命令，创建一个宽高为 640 像素×480 像素，分辨率为 72 像素/英寸、颜色模式为"RGB 颜色"（8 位）的文件。

2）将前景色为"白色（RGB（255，255，255））"，背景色为"黑色（RGB（0，0，0））"，然后按〈Ctrl+Delete〉组合键，将图像背景填充为黑色。

3）选择工具箱中的 （画笔工具），用鼠标右键单击画面，然后在弹出的"画笔预置框"中设置直径为 200 像素大小的基本画笔工具，如图 8-212 所示。

4）执行菜单中的"窗口｜图层"命令，调出"图层"面板，然后单击面板下部 （创建新图层）按钮创建"图层1"，接着利用 ✎ (画笔工具)在图像中间位置单击鼠标，绘制出一个柔和的白色圆点，如图8-213所示。

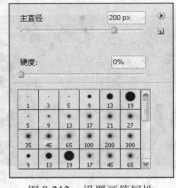

图8-212　设置画笔属性

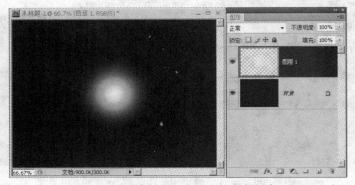

图8-213　绘制出一个柔和的白色圆点

5）按〈Ctrl+T〉组合键应用"自由变换"命令，然后按住〈Shift+Alt〉组合键拖动控制框一角的手柄向外拖动，以图像中心为基准按比例扩大圆点图像，并如图8-214所示使它充满整个画面。

6）在图层面板中单击下方的 ☐ (创建新图层) 按钮创建"图层2"，然后按〈D〉键，将工具箱中的前景色和背景色分别设置为默认的"黑色"和"白色"。接着执行菜单中的"滤镜｜渲染｜云彩"命令，在画面中自动生成不规则的黑白云雾图像。最后反复按快捷键〈Ctrl+F〉，多次应用云彩滤镜命令，直到选中一种较满意的黑白云纹效果为止，如图8-215所示。

提示：不同的云雾效果后面会生成不同的洞穴形状和深度。

图8-214　按比例扩大圆点图像

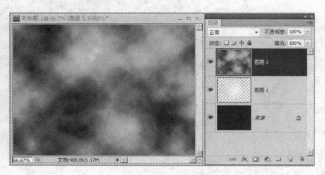

图8-215　多次应用云彩滤镜命令

7）选择云雾所在图层（图层2），将图层"混合模式"设置为"线性光"，并将图层上的"填充"设置为100%，如图8-216所示，此时"图层1"中的圆形画笔图像受到云雾图像的影响变成了不规则形态。然后按快捷键〈Shift+Ctrl+E〉将所有图层合并为一个图层，此时图层分布如图8-217所示。

8）将灰色云雾变成不规则的格状。执行菜单中的"滤镜｜像素化｜晶格化"命令，然后在弹出的对话框中设置参数如图8-218所示，将"单元格大小"设置为30，单击"确定"按钮，效果如图8-219所示。

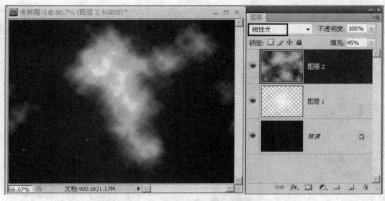

图 8-216　调整图层混合模式和不透明度　　　　图 8-217　合并图层后图层分布

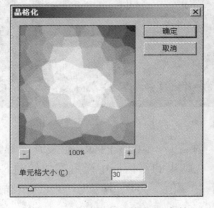

图 8-218　设置"晶格化"参数　　　　　　　图 8-219　"晶格化"效果

9）将图像上的小块凝结成了一个整体，呈现出如按地形高度排列的等高线的阶梯形状。方法：执行菜单中的"滤镜｜杂色｜中间值"命令，然后在弹出的对话框中设置如图 8-220 所示的参数，将"半径"设置为 25 像素，然后单击"确定"按钮，效果如图 8-221 所示。

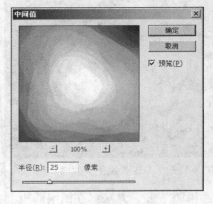

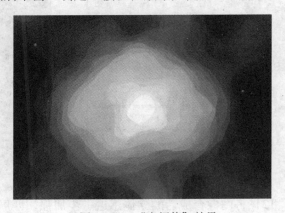

图 8-220　设置"中间值"参数　　　　　　　图 8-221　"中间值"效果

10）按快捷键〈Ctrl+J〉，根据背景层复制出"图层 1"，然后选择背景层，单击"图层 1"

前的 图标，将该层隐藏。然后执行菜单中的"滤镜｜渲染｜光照效果"命令，在弹出的对话框中设置参数如图 8-222 所示，单击"确定"按钮，结果如图 8-223 所示。

　　提示：一定要将"纹理通道"设置为"红"，因为在图像单通道上投射的光线会使图像呈现出一定的立体感。

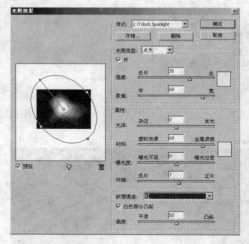

图 8-222　设置"光照效果"参数

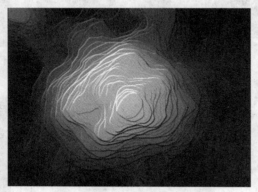

图 8-223　光照效果

　　11）在图层面板中选择"图层 1"，然后单击"图层 1"前的 图标，恢复该层显示。接着执行菜单中的"滤镜｜锐化｜USM 锐化"命令，在弹出的对话框中设置参数如图 8-224 所示，分别设置"数量"为 400%、"半径"为 10 像素、"阈值"为 0，增强图像边缘清晰度，设置完成后单击"确定"按钮，效果如图 8-225 所示。

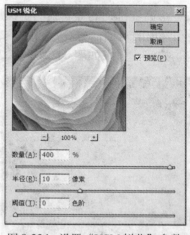

图 8-224　设置"USM 锐化"参数

图 8-225　"USM 锐化"效果

　　12）将图像合成后的立体感进一步加强，四周逐渐暗下去。方法：在图层面板上将"图层 1"的图层混合模式设置为"正片叠底"，将图层上的"填充"设置为 65%，如图 8-226 所示。

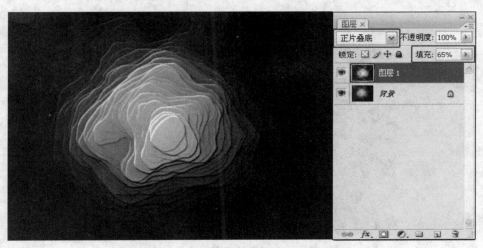

图 8-226   改变图层混合模式和不透明度

13）依靠一种黄褐色调颜色的深浅变化，制作出画面中明显的层层向内凹陷的洞穴效果。方法：在图层面板下部单击 ⬛.（创建新的填充或调整图层）按钮，从弹出的下拉菜单中选择"渐变映射"命令，然后在弹出的"渐变映射"对话框中单击如图 8-227 所示的渐变颜色按钮，打开如图 8-228 所示的"渐变编辑器"对话框。接着单击对话框下端渐变条的下方，添加色标，并通过拖动、移动或双击操作设置渐变颜色，从而设置一种三色渐变，这 3 种颜色的参考色值为 RGB（198，167，70）、RGB（107，57，30）、RGB（0，0，0），效果如图 8-229 所示。

提示：读者也可以尝试设置其他颜色，以形成不同的色调，设置完成后单击"确定"按钮。

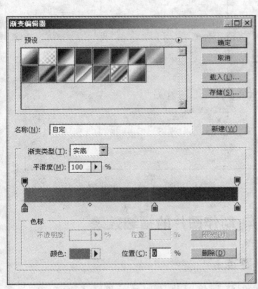

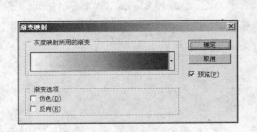

图 8-227   "渐变映射"对话框   图 8-228   设置渐变色

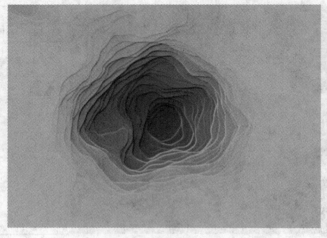

图 8-229　"渐变映射"效果

14）继续进一步调节洞穴的深度。方法：在图层面板中选择"背景"层，然后执行菜单中的"图像｜调整｜曲线"命令，在弹出的对话框中调节出如图 8-230 所示的曲线形状，从而使洞穴口进一步加深，内部显得更加深邃，调节完后单击"确定"按钮。

15）至此，整个示例制作完成，最终效果如图 8-231 所示。

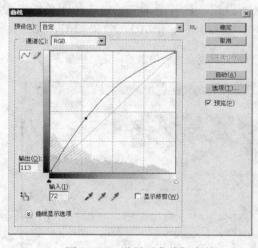

图 8-230　设置"曲线"参数

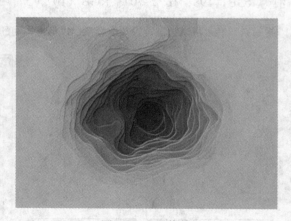

图 8-231　最终效果

8.5.3　制作图片的褶皱效果

要点：

本例将制作图片的褶皱效果，如图 8-232 所示。通过本例的学习，应掌握云彩、分层云彩滤镜、置换命令、图层混合模式和图层样式的综合应用。

原图

结果图

图 8-232　图片的褶皱效果

操作步骤：

1）打开配套光盘中的"随书素材及结果 \8.5.3　制作图片的褶皱效果 \ 原图.jpg"文件，如图 8-232 所示。

2）揉皱的纸张边缘是不规则的，考虑到这一点，我们要为边缘的变形留出一些空间。在使用画布大小命令前，将背景层转换为普通图层，方法：执行菜单中的"图层 | 新建 | 图层背景"命令（或直接在背景层上双击），在弹出的"新建图层"对话框中保持默认设置，如图 8-233 所示，这样背景层就转换为了"图层 0"，此时图层分布如图 8-234 所示。

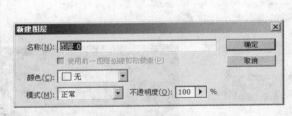

图 8-233　"新建图层"对话框

图 8-234　背景层转换为"图层 0"

3）执行菜单中的"图像 | 画布大小"命令，弹出如图 8-235 所示的对话框。此时保持原有的画布格局，根据你的图像大小，适当地将画布的宽度和高度都增加一些，大致在 50 像素，图像周围有一定空余即可，如图 8-236 所示，单击"确定"按钮，效果如图 8-237 所示。

4）现在，我们开始制作置换图。在"图层 0"上新建一层，命名为"纹理"。然后按快捷键〈D〉，将前景色和背景色恢复为默认状态。接着执行菜单中的"滤镜 | 渲染 | 云彩"命令，填充图层，效果如图 8-238 所示。

5）执行菜单中的"滤镜 | 渲染 | 分层云彩"命令，多执行几次，直到图像较为均匀为止，效果如图 8-239 所示。这里，我们用了 4 次分层云彩滤镜。

提示：在很多时候，"分层云彩"滤镜都会被用于创建类似于大理石纹理的图案。使用的次数越多，纹理就越明显。

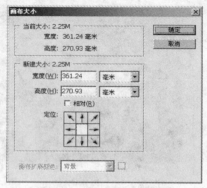

图 8-235 "画布大小"对话框

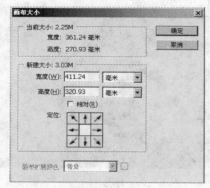

图 8-236 调整画布大小

图 8-237 调整画布大小后效果

图 8-238 一次"分层云彩"效果

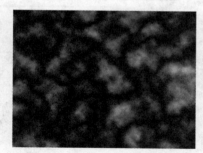

图 8-239 四次"分层云彩"效果

6）为图像添加一些立体效果。选择"纹理"层，执行菜单中的"滤镜 | 风格化 | 浮雕效果"命令，在弹出的对话框中设置参数，如图 8-240 所示，单击"确定"按钮。此时图像呈现出逼真的纸纹效果，如图 8-241 所示。

7）将"纹理"图层拖到图层面板下方的 ▣（创建新图层）按钮上，从而复制出"纹理 副本"图层，此时图层分布如图 8-242 所示。这个副本层才是我们真正所需要的置换图。然后在"纹理 副本"图层中，执行菜单中的"滤镜 | 模糊 | 高斯模糊"命令，在弹出的对话框中设置参数，如图 8-243 所示，单击"确定"按钮，效果如图 8-244 所示。

提示：执行高斯模糊命令的目的，是为了防止太过鲜明的纹理图像使置换后的图像扭曲的过于夸张。

图 8-240　"浮雕效果"对话框

图 8-241　浮雕效果

图 8-242　复制图层

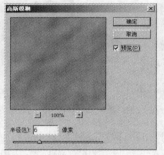

图 8-243　"高斯模糊"对话框

图 8-244　"高斯模糊"效果

8）至此，置换图就制作完毕了。下面执行菜单中的"文件 | 另保存"命令，将它另存成名为"纹理.psd"的文件。

9）制作扭曲图像。方法：暂时关闭"纹理"和"纹理 副本"层前的眼睛图标，确定当前层为"图层 0"，如图 8-245 所示。然后执行菜单中的"滤镜 | 扭曲 | 置换"命令，在弹出的对话框中设置参数，如图 8-246 所示，单击"确定"按钮，接着在打开的"选择置换图"窗口中选择刚才文件的保存路径，选择文件"纹理.psd"，单击"打开"按钮，效果如图 8-247 所示。

提示：关于置换滤镜的原理，简单地来说，就是以置换图中的像素灰度值来决定目标图像扭曲程度，置换图必须是.psd 格式的文件。像素置换的最大值为 128 像素，置换图的灰度值为 128 不产生置换，高于或低于这个数值，像素就会发生扭曲。

10）在做过上一步的置换后，图像的扭曲程度非常轻微，可能会令你有些失望。下面按住键盘上的〈Ctrl〉键，单击"图层 0"，从而载入"图层 0"的不透明度区域。然后按快捷键〈Ctrl+Shift+I〉反选，接着选择"纹理"图层，按〈Delete〉键删除，效果如图 8-248 所示。最后按快捷键〈Ctrl+D〉取消选区。

图 8-245 选择"图层 0"

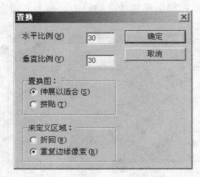

图 8-246 "置换"对话框

图 8-247 置换后效果

图 8-248 删除多余区域

11）将"纹理"图层移动到"图层 0"下方。然后选择"图层 0"，将其图层混合模式改为"叠加"（见图 8-249），效果如图 8-250 所示，此时褶皱的效果已经很明显了。接着按快捷键〈Ctrl+D〉取消选区。

图 8-249 将图层混合模式改为"叠加"

图 8-250 "叠加"效果

12）根据常识可知，褶皱到如此程度的纸张颜色都会有些灰旧，而现在的图像颜色显然太光鲜了。下面选择"纹理"图层，单击图层面板下方的 ◢（创建新的填充或调节图层）按钮，在弹出的下拉菜单中选择"色相/饱和度"命令，然后在弹出的面板中设置参数，如图 8-251

所示，模拟脏污破损的纸张颜色，此时图层分布如图 8-252 所示，效果如图 8-253 所示。

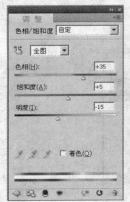

图 8-251　调整色相/饱和度　　　图 8-252　图层分布　　　图 8-253　调整"色相/饱和度"后的效果

　　13）选择"图层 0"，单击图层面板下方的 <u>f×</u>（添加图层样式）按钮，在弹出的对话框中设置参数，如图 8-254 所示，单击"确定"按钮。此时图层分布如图 8-255 所示，效果如图 8-256 所示。

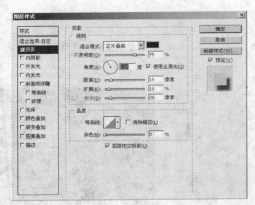

图 8-254　调整"投影"参数　　　　　　　图 8-255　图层分布

图 8-256　"投影"效果

14）为了便于观看效果，新建一个"图层 1"，将其置于底层，并用白色填充。

15）至此，图片的褶皱效果制作完毕。为了强化褶皱效果，可以恢复"纹理 副本"层的显示，将其图层混合模式设为"叠加"即可，效果如图 8-257 所示。

图 8-257　最终效果

8.5.4　制作包装盒的透视效果

 要点：

本例将制作包装盒的透视效果，如图 8-258 所示。通过本例的学习，应掌握"消失点"的应用。

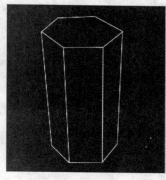
包装盒线条稿.psd

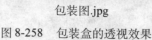
包装图.jpg

结果图

图 8-258　包装盒的透视效果

 操作步骤：

1）打开配套光盘中的"随书素材及结果 \8.5.4 制作包装盒的透视效果 \ 包装图.jpg"和"包装盒线条稿.psd"图像文件，如图 8-258 所示。下面我们要将它贴到这个包装盒上，做成一个模拟立体的包装效果图。

2）选择"包装图.jpg"，然后按快捷键〈Ctrl+A〉全选，再按快捷键〈Ctrl+C〉复制，接着进入"包装盒线条稿.psd"，新建"图层 1"，执行菜单中的"滤镜 | 消失点"命令，打开"消

失点"的编辑对话框，其中部设置了很大区域来作为消失点编辑区。最后选择对话框左上角第二个工具 [▦] (创建平面工具)，其使用方法与钢笔工具相似，开始绘制贴图的一个面，如图 8-259 所示，绘制完成后这个侧面中自动生成了浅蓝色的网格。

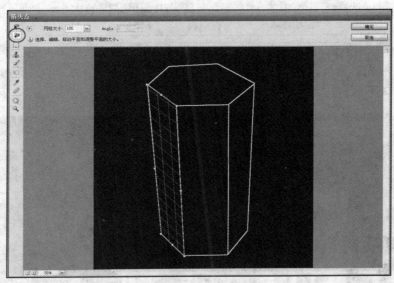

图 8-259　绘制面

3）创建下一个包装盒侧面，注意先看一下刚才创建的第一个网格面，其 4 个角和每条边线的中间都设有控制手柄，下面将鼠标放在网格最右侧的边缘中间的控制手柄上，按住〈Ctrl〉键向右拉，这时一个新的网格面沿着边缘被拖出来了。然后将鼠标放在这个新网格面最右侧的中间控制手柄上，接着按住〈Alt〉键拖拉鼠标，此时会发现这个新的面就像一扇门一样会沿着轴旋转，拖拉鼠标直到调整这个面到一个合适的方向与位置。最后用鼠标拖动中间控制手柄调整网格的水平宽度，使其适配到包装盒的中间面。

4）同理，继续按〈Ctrl〉键拖拉鼠标创建第三个网格面，然后按住〈Alt〉键将其拖拉到包装盒的第三个侧面中，如图 8-260 所示。

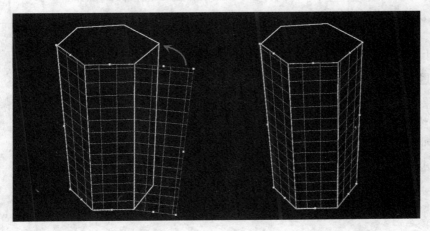

图 8-260　创建第二和第三个网格面并分别适配到包装盒的侧面中

5）按快捷键〈Ctrl+V〉，将刚才复制的那张手绘贴图粘贴进来，刚开始贴入时那张图还位于线框外，用鼠标将它直接拖到刚才设置的风格线框里，这时你会惊奇地发现，平面贴图被自动适配到你刚才创建的形状里，并且符合透视变形，如图8-261所示，如果贴图的大小与包装盒并不合适，可以选择工具箱中的 ▓▓（转换工具）来调整贴图的大小，把图片放大或缩小使其正好合适盒子外形。

6）单击"确定"按钮，消失点的制作完成。此时包装盒虽已实现外形贴图，但还需要再给图片添加上一些光影效果，使其立体感更强烈和真实。下面将包装盒的盒盖加上，最后的效果图如图8-262所示。

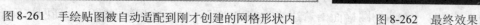
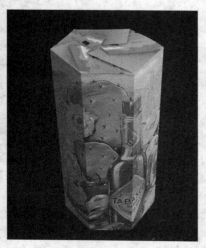

图8-261　手绘贴图被自动适配到刚才创建的网格形状内　　　　图8-262　最终效果

8.6　课后练习

1. 填空题

（1）按键盘上的＿＿＿＿＿＿快捷键，则可以重复执行上次使用的滤镜。

（2）"像素化"滤镜组包含＿＿＿＿、＿＿＿＿、＿＿＿＿、＿＿＿＿、＿＿＿＿、＿＿＿＿和＿＿＿＿7种滤镜。

（3）对于＿＿＿＿＿颜色模式的图像，可以使用任何滤镜功能。

2. 选择题

（1）如果想要去除图像中没有规律的杂点或划痕，可以使用＿＿＿＿滤镜。

　　A.纤维　　　　　B.模糊　　　　　C.蒙尘与划痕　　　　　D.云彩

（2）下列选项中＿＿＿＿滤镜不属于风格化滤镜组？

　　A.查找边缘　　　B.浮雕效果　　　C.风　　　　　　　　　D.高反差保留

（3）＿＿＿＿滤镜可以将选择或创建的纹理应用于图像？

　　A.水彩　　　　　B.拼贴效果　　　C.纹理化　　　　　　　D.成角的线条

3. 问答题

（1）"画笔描边"滤镜组包括多少种滤镜效果？它们的效果主要用于哪些操作？

（2）Photoshop CS4 特殊滤镜包括多少种？它们的使用方法是什么？

4. 操作题

（1）练习 1：利用渐变工具、"球面化"和"玻璃化"滤镜制作如图 8-263 所示的高尔夫球的效果。

图 8-263　高尔夫球效果

（2）练习 2：利用图 8-264 中的图像，通过"海洋波纹"、"极坐标"、"曝光过度"和"风"滤镜，制作如图 8-265 所示的楼房爆炸效果。

图 8-264　原图　　　　　　　　　　　　　图 8-265　结果图

第 9 章 Photoshop 自动化处理

本章重点

在图像处理的工作中，经常会遇到对大量的图像文件应用大致相同操作的情况。为了便于操作，Photoshop CS4 提供了对重复执行的任务进行自动化处理的功能。通过本章的学习，读者应掌握 Photoshop CS4 自动化处理的使用方法。

本章内容包括：
- 动作的概念和功能
- 动作面板的组成
- 动作的建立和使用
- 自动处理的高级操作

9.1　动作概述

动作功能可以将一系列的命令组合成一个单独动作，执行这个动作就相当于执行了这一系列的命令，从而使执行任务自动化。熟练掌握动作命令的操作，可以大大提高某些操作的工作效率。

动作的自动化功能是非常强大的，它可以将常用的编辑操作记录成一个动作，然后反复使用。比如，想将成批图片从 RGB 颜色模式转换到 CMYK 颜色模式，如果不使用动作功能，那么对每幅图片都需要经过打开、转换、保存和关闭 4 个步骤，这样会浪费大量时间。而使用动作功能就可以将全部图像自动打开、转换、保存和关闭。

9.2　动作面板

使用动作面板，可以查看、创建、播放、编辑和删除动作，也可以存储、载入和替换动作命令。执行菜单中的"窗口|动作"命令，可以调出"动作"面板，如图 9-1 所示。

图 9-1　"动作"面板

"动作"面板中各项参数的说明如下。

- 序列名称：在默认设置下，只有一个"默认动作"序列。其实这个序列包含的是一组动作。在序列名称的左侧有一个 ■ 图标，表示这是一个动作的集合。
- ☑ 切换项目开 / 关按钮：如果序列前被打上"✓"，并呈黑色显示时，表示该序列（包含所有动作和命令）可以执行；如果这个"✓"呈红色显示，则表示该序列中的部分动作或命令不能执行；如果没有打"✓"，则表示该序列中的所有动作都不能执行。
- ▣ 切换对话开 / 关按钮：当出现 ▣ 图标时，表示在执行动作的过程中会暂停，只有在对话框中单击"确定"按钮后才能继续。如果没有出现 ▣ 图标时，则 Photoshop CS4 会按动作中的设置逐一往下执行；如果 ▣ 图标成红色显示，表示序列中只有部分动作或命令设置了暂停操作。
- ▷ 展开按钮：单击该按钮，可以展开序列中的所有动作。
- ■ 停止播放 / 记录按钮：只有当记录动作或播放动作时，该按钮才可以使用，单击它可以停止当前的记录或播放操作。
- ● 开始记录按钮：用于记录一个新动作。当处于记录状态时，该按钮呈红色显示。
- ▶ 播放选定的动作按钮：可以执行当前选定的动作。
- ▢ 创建新组按钮：可以新建一个序列，以便于存放新的动作。
- ▣ 创建新动作按钮：建立一个新动作。新建立的动作会出现在当前选定的序列中。
- ▣ 删除按钮：可将当前选定的命令、动作或序列删除。
- 动作面板菜单：单击动作面板右上角的小三角，弹出下拉菜单，如图 9-2 所示。从中可以选择相应的命令。
- 预设序列：选择这些动作可将其添加到序列中，如图 9-3 所示。

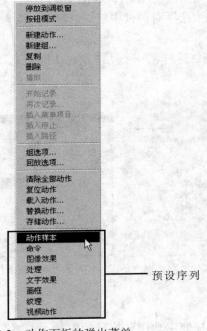

预设序列

图 9-2　动作面板的弹出菜单

图 9-3　预设序列

9.3　动作的建立和应用

一个动作必须在记录后才能使用，所以在使用动作前，需要对记录、编辑和执行动作的知识都有一个较全面的了解。本节将详细介绍动作功能的所有操作。

9.3.1　记录动作

在记录动作前，建议先新建一个序列，以便与 Photoshop CS4 自带的动作区分。方法是：单击动作面板上的 ▢（创建新组）按钮，或者单击"动作"面板右上角的小三角，从弹出的下拉菜单中选择"新建组"命令，然后在弹出的"新建组"对话框中输入组的名称，如图 9-4 所示，单击"确定"按钮，此时动作面板中将出现一个新序列。

建立新序列后，可以将新记录的动作放置在这个序列中。我们以将 72 像素/英寸的图像转换为 300 像素/英寸的图像的动作为例，讲解记录动作的方法，具体操作步骤如下：

1）单击动作面板下方的 ▢（创建新动作）按钮，在弹出的如图 9-5 所示的对话框中输入动作的名称，指定动作所在的序列的位置，单击"记录"按钮。

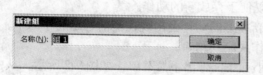

图 9-4　"新建组"对话框

图 9-5　"新建动作"对话框

2）此时 ●（开始记录）按钮处于激活状态，并以红色显示，如图 9-6 所示。然后执行菜单中的"图像|图像大小"命令，在弹出的"图像大小"对话框中将"分辨率"改为 300 像素/英寸，如图 9-7 所示，单击"确定"按钮。

3）单击 ▢（停止播放/记录）按钮，停止录制。这样，一个动作就成功地被记录了，此时的"动作"面板如图 9-8 所示。

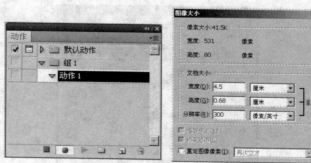

图 9-6　记录动作　　　　图 9-7　"图像大小"对话框　　　　图 9-8　录制后面板的显示

9.3.2　执行动作

记录完动作后，可以像使用菜单中的命令一样使用动作。执行动作时，先要选择执行的动作，然后单击动作面板上的 ▶（播放选定的动作）按钮，如图 9-9 所示，这样该面板中记录的编辑操作就应用到了图像中。

9.3.3　修改动作

在创建了动作后，还可以对动作进行修改。

1．重命名动作

对一个已记录的动作可以进行修改或重新记录，也可以将它复制或更名。若要更改动作的名称，首先要在动作面板中双击该动作名称，如图 9-10 所示。此时将会在当前所选名称后出现一个闪烁的光标，然后删除原有的文字并输入新的名称即可。

此外，也可以按住〈Alt〉键，再双击要更名的动作，在弹出的如图 9-11 所示的对话框中输入要更改的名称，然后单击"确定"按钮即可。

图 9-9　单击"播放"按钮　　图 9-10　双击动作名称　　图 9-11　"动作选项"对话框

2．复制、移动和删除动作

用户还可以对动作进行复制、移动和删除，具体操作步骤如下：

1）复制动作。方法：选中动作，然后将其拖到 （创建新动作）按钮上，如图 9-12 所示，即可复制得到相应的动作副本，如图 9-13 所示。

2）移动动作。方法：拖动动作到适当位置后释放鼠标即可，如图 9-14 所示。

图 9-12　拖到"创建新动作"按钮上　　图 9-13　复制后动作　　图 9-14　移动动作

3）删除动作。方法：选中要删除的动作，然后将其拖到 （删除）按钮上即可。

3．修改动作内容

如果要修改动作的内容，应首先选中要修改的动作，然后可按以下几种方法进行操作。

- 单击动作面板右上角的小三角，从弹出的下拉菜单中选择"记录动作"命令，可以在动作中添加记录动作。如果当前所选的是某一动作，那么新增的命令将出现在该动作命令的最后面；如果所选的是动作中的某一命令，那么新增的命令将出现在该命令之下。

- 单击动作面板右上角的小三角，从弹出的下拉菜单中选择"再次记录"命令，可将某个动作从开始重新记录。记录时仍以该动作中原有的命令为基础，但会打开对话框，让用户重新设置对话框中的内容。

- 单击动作面板右上角的小三角，从弹出的下拉菜单中选择"插入菜单项目"命令，可在动作中人工插入想要执行的命令。选择该命令后会弹出"插入菜单项目"对话框，如图9-15所示。插入时可以在Photoshop CS4菜单中选择命令来指定动作。设置后，单击"确定"按钮，即可插入到动作中。

图9-15 "插入菜单项目"对话框

- 单击动作面板右上角的小三角，从弹出的下拉菜单中选择"插入停止"命令，可以在动作中插入一个暂停设置。这是因为在记录动作时，用画笔等绘图工具进行绘制图形的操作不能记录下来。如果插入暂停设置，就可以在执行动作时停留在这一步操作上，并将它记录下来，以便于手动进行部分操作（例如，使用画笔工具绘图等），待这些操作完成后再继续执行动作中的命令。执行"插入停止"命令后，会弹出"插入停止"对话框，如图9-16所示。在"信息"文本框中可以输入文本内容以作为显示暂停对话框时的提示信息。如果输入"继续进行"，则运行到这一步时，"信息"对话框中会出现此处输入的内容，如图9-17所示；如果选中"允许继续"复选框，则运行到这一步时，"信息"对话框中会显示"继续"按钮，允许继续执行该动作后面的命令，如图9-18所示。

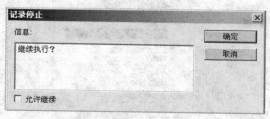

图9-16 "记录停止"对话框

图9-17 未选中"允许继续"时的"信息"对话框　　图9-18 选中"允许继续"时的对话框

　　由于记录动作时不能记录绘制路径的操作，因此，Photoshop CS4 提供了一个专门在动作中插入路径的命令，操作时可按以下方法进行。先在路径面板中选定要插入的路径名，然后在动作面板中指定要插入的位置，选择动作面板菜单中的"插入路径"命令，即可在动作中插入一个路径。但要注意，如果该图像中不存在路径，则"插入路径"命令不可以使用。

9.3.4　保存和载入动作

　　对于记录的动作，既可以进行保存，也可以进行载入。

1. 保存动作

　　记录了动作后，这个动作就会暂时保留在 Photoshop CS4 中，即使重新启动 Photoshop CS4，也仍然会存在。但如果重新安装了 Photoshop CS4，这些新记录的动作就会被删除。因此，为了能够在重新安装 Photoshop CS4 后继续使用这些动作，可以将它保存起来。具体操作步骤如下：

　　1）选中要保存的序列名，然后单击动作面板右上角的小三角，从弹出的下拉菜单中选择"存储动作"命令。

　　2）此时会弹出"存储"对话框，如图 9-19 所示。在对话框中设置文件名和保存位置后，单击"保存"按钮，保存后的文件扩展名为.ATN。

图 9-19　"存储"对话框

2. 载入动作

　　对已经保存的动作也可以载入，以反复使用。载入方法：单击动作面板右上角的小三角，从弹出的下拉菜单中选择"载入动作"命令，然后在弹出的如图 9-20 所示的"载入"对话框中选择相应的动作，单击"载入"按钮即可。

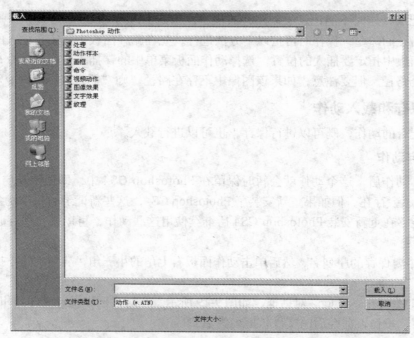

图 9-20 "载入"对话框

9.4 自动处理的高级操作

除了动作面板外，Photoshop CS4 还在"文件|自动"菜单中提供了"批处理"、"条件模式更改"等一系列的自动化命令。使用该菜单中的命令功能，可以简化编辑图像的操作，从而提高工作效率。下面就来具体讲解。

9.4.1 批处理

"批处理"命令可以对多个图像文件执行同一个动作的操作，从而实现操作自动化。具体操作步骤为：执行菜单中的"文件|自动|批处理"命令，弹出如图 9-21 所示的对话框，在对话框中设置各项参数。各项参数的说明如下。

- 组：在此下拉列表中显示了"动作"面板中的所有序列，从中选择要执行动作的序列。
- 动作：显示在"组"下拉列表中选定的序列中的所有动作。
- 源：该下拉列表用于选择图片的来源，有"文件夹"、"导入"、"打开的文件"、"Bridge" 四个选项可供选择。当选择"文件夹"时，可以单击"选取"按钮，打开如图 9-22 所示的对话框，从中可以指定要处理的图片文件的路径。
- 目标：该下拉列表用于设置执行动作后文件保存的位置。
- 文件命名：在它的 3 个下拉列表中用于选择文件名的组合方式。其元素包括文档名、序列号或字母、文件创建日期和文件扩展名。这些选项可使用户更改文件名个部分的顺序和格式。每个文件必须包括一个唯一的设置（例如，文件名、序列号或字母），以防文件相互覆盖。"起始序列号"用于为所有序列号栏指定起始序列号。"兼容性"用于使文件名与 Windows、Mac OS 和 UNIX 等操作系统兼容。

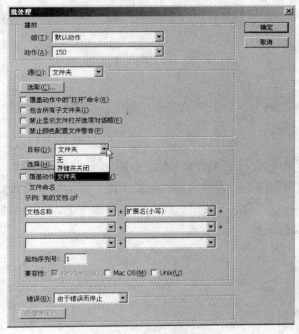

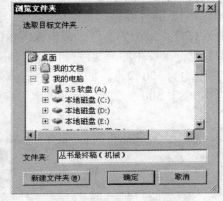

图 9-21　"批处理"对话框　　　　　图 9-22　"浏览文件夹"对话框

- 错误：用于指定批处理出现错误时的操作。如果选择"由于错误而停止"，则批处理出现错误时提示信息，并中止往下执行；如果选择"将错误记录到文件"，则 Photoshop CS4 会将在批处理操作时出现的错误信息记录下来，并保存到文件中。选择该项，不会终止程序往下执行。

"批处理"命令在实际工作中非常实用，特别是对大量图片进行同一操作时，更显示出它的威力。例如，在制作电子相册的过程中，要将扫描后的图像处理为 352 × 288 像素大小，此时就可以使用"批处理"命令，在对话框中将"动作"设为事先设置好的转换动作，"源"文件夹指定为扫描图片所在文件夹，将"目标"文件夹指定为处理后图片要放置的文件夹，单击"确定"按钮，Photoshop CS4 就会按照所设置的动作进行批处理。

9.4.2　条件模式更改

使用"条件模式更改"命令可以有条件地转换图像颜色模式，即在转换模式前 Photoshop CS4 会检测在"条件模式更改"对话框中的源图像颜色模式设置，只有符合要求的图像，才能转换图像颜色模式。虽然该命令与"图像|模式"子菜单中转换模式命令起的作用相同，都可以转换颜色模式，但是如果将该命令记录到动作中，那么所起的作用就大有区别了。这是因为"条件模式更改"命令可以设置原图像的颜色模式，所以在执行"批处理"命令来转换图像模式时，就不会因源文件夹中的图像颜色模式的多样化而中断"批处理"命令，出现各种错误的提示信息。

条件模式更改的具体操作步骤如下：

1）执行菜单中的"文件|自动|条件模式更改"命令，弹出如图 9-23 所示的对话框。在"源模式"选项组中，可以设置原有图像的颜色模式。也就是说，只有与此处设置模式相同的

图像才会被转换,不同模式的图像则被忽略。在"目标模式"选项组内的"模式"下拉列表中,可以设置转换后的图像模式。

2)设置完毕,单击"确定"按钮即可。

9.4.3 限制图像

使用"限制图像"命令可以将当前图像限制为用户指定的宽度和高度,但不更改长宽比。该命令的功能与"图像大小"命令的功能不同。

限制图像的具体操作步骤如下:

1)打开一幅图像文件,假设该图像的像素数目为 320 × 240,分辨率为 72 像素/英寸。

2)执行菜单中的"文件|自动|限制图像"命令,在弹出的"限制图像"对话框中设置宽度和高度均为 500 像素,如图 9-24 所示,单击"确定"按钮。此时图像就改变了大小,其像素数目变成了 500 × 375,而分辨率没有发生变化。

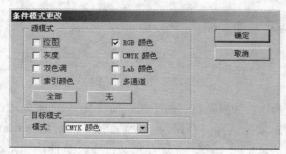

图 9-23 "条件模式更改"对话框

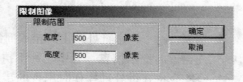

图 9-24 "限制图像"对话框

提示:此时图像大小为 500 × 375 像素,而不是 500 × 500 像素的原因是使用"限制图像"命令改变图像大小时,并不完全按照"限制图像"对话框中的宽度和高度设置改变图像大小,而是要兼顾长宽比例不变的原则。例如,上面图像原来宽度和高度比是 32:24,那么改变大小后的图像宽度和高度的比例也必须是 32:24。因此将宽度和高度都改为 500 像素时,Photoshop CS4 就以宽度值 500 作为缩放图像的依据成比例的缩放原图像,即缩放后的图像为 500 × 375 像素。这是因为这个宽度与原图像的宽度之比小于设置的高度值与原图像高度之比。同理,如果高度与原图像高度之比小于宽度之比时,Photoshop CS4 就以高度为依据成比例缩放原图像。

9.5 实例讲解

本节将通过两个实例来对 Photoshop CS4 的动作和自动批处理命令的相关知识进行具体应用,旨在帮助读者,快速掌握动作和自动化处理的相关知识。

9.5.1 制作肖像照片效果

 要点:

本例将制作将日常拍摄的照片处理为肖像照片的效果,如图 9-25 所示。通过本例的学习,应掌握图案填充、调整画布大小和动作的使用方法。

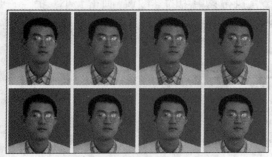

日常拍摄的照片　　　　　　　　　肖像照片

图 9-25　肖像照片

 操作步骤：

1）执行配套光盘中的"随书素材及结果\9.5.1 制作肖像照片效果\原图.jpg"图片，如图 9-25 中的左图所示。然后利用工具箱上的 ☐（裁剪工具）将图像中的外围裁切掉，如图 9-26 所示。

2）选中人物以外的部分，用蓝色 RGB（0，0，255）进行填充，效果如图 9-27 所示。

图 9-26　裁切照片　　　　　　图 9-27　填充人物以外背景

3）单击动作面板下方的 ☐（创建新组）按钮，在弹出的"新建组"对话框中设置参数，如图 9-28 所示，然后单击"确定"按钮。

4）单击动作面板下方的 ☐（创建新动作）按钮，在弹出的"新建动作"对话框中设置参数，如图 9-29 所示，然后单击"确定"按钮，进入动作记录状态。

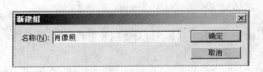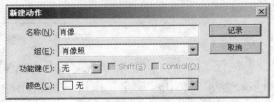

图 9-28　"创建组"对话框　　　　图 9-29　"新建动作"对话框

5）执行菜单中的"图像|画布大小"命令，弹出如图 9-30 所示的对话框。在对话框中设置参数，使得图像的宽度和高度均变大一些，且将图像居中，如图 9-31 所示，单击"确定"按钮，效果如图 9-32 所示。

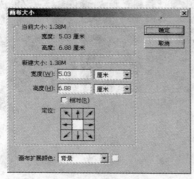

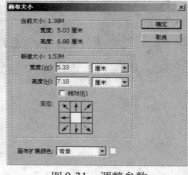

图 9-30 "画布大小"对话框　　图 9-31 调整参数　　图 9-32 调整后效果

6）执行菜单中的"编辑|定义图案"命令，在弹出的"图案名称"对话框中设置参数，如图 9-33 所示，然后单击"确定"按钮。

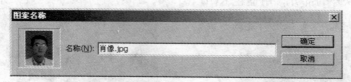

图 9-33 "图案名称"对话框

7）执行菜单中的"文件|新建"命令，在弹出的"新建"对话框中设置参数，如图 9-34 所示，然后单击"确定"按钮。

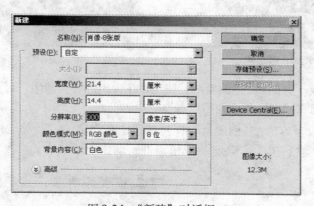

图 9-34 "新建"对话框

8）执行菜单中的"编辑|填充"命令，在弹出的"填充"对话框中选择刚才定义的图案，如图 9-35 所示，单击"确定"按钮，效果如图 9-36 所示。

9）如果要制作其他人物的肖像照，可以先打开这张照片，如图 9-37 所示。然后将其调整为与本例中原肖像同样大小的图像。

10）打开动作面板中"填充"命令的"切换对话"开关，如图 9-38 所示。

11）执行新录制的动作，在填充前会弹出如图 9-39 所示的对话框，此时选择新的肖像，单击"确定"按钮，效果如图 9-40 所示。

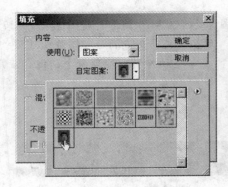

图 9-35　"填充"对话框

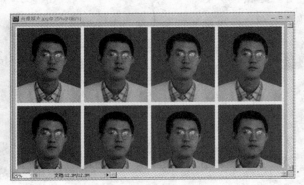

图 9-36　填充后效果

图 9-37　打开照片

图 9-38　打开"切换对话"开关

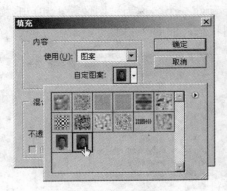

图 9-39　选择新的肖像

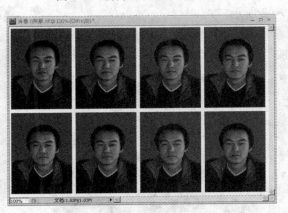

图 9-40　填充后的效果

9.5.2 快速批处理图片

 要点：

本例将通过批处理命令执行相关动作（将 CMYK 图像处理为 RGB 图像、将图像大小从 720 × 576 像素处理为 350 × 280 像素、添加胶片外框），使相关文件夹中的全部图片处理后放置到指定文件夹中，如图 9-41 所示。通过本例的学习，应掌握动作和批处理命令的综合应用。

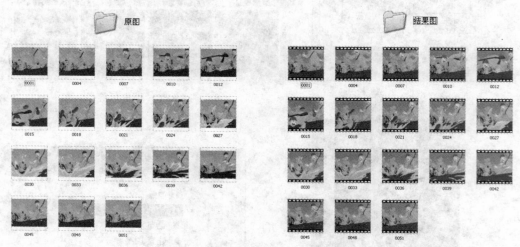

图 9-41　快速批处理图片效果

 操作步骤：

1. 录制动作

1）执行配套光盘中的"随书素材及结果 \ 9.5.2 快速批处理图片 \ 原图 \ 0001.tif"图片，如图 9-42 所示。

2）单击动作面板下方的 （创建新动作）按钮，新建一个名称为"图像大小和色彩模式转换"的动作，此时 Photoshop 会自动进入动作录制状态，如图 9-43 所示。

图 9-42　原图

图 9-43　新建动作进入动作录制状态

3）改变图像模式。方法：执行菜单中的"图像 | 模式 | RGB 颜色"命令，从而将 CMYK 模式的图像转换为 RGB 模式的图像。

4）改变图像大小。方法：执行菜单中的"图像 | 图像大小"命令，弹出如图 9-44 所示的对话框。然后调整图像的宽度和高度，如图 9-45 所示，单击"确定"按钮，效果如图 9-46 所示。

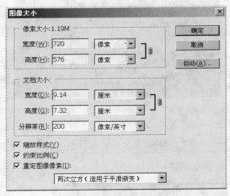

图 9-44　"图像大小"对话框

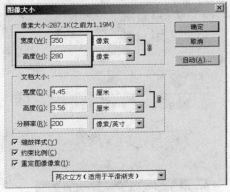

图 9-45　调整图像的宽度和高度

图 9-46　改变图像大小后的效果

5）添加胶片外框。方法：确认背景色为黑色，然后执行菜单中的"图像 | 画布大小"命令，在弹出的"画布大小"对话框中设置参数，如图 9-47 所示，单击"确定"按钮，其效果如图 9-48 所示。接着选择工具箱中的 ▭（矩形工具），在属性栏中设置参数，如图 9-49 所示，在画面中绘制一个白色矩形，如图 9-50 所示。最后利用工具箱中的 ▸（移动工具），配合键盘上的〈Alt+Shift〉组合键复制白色矩形，如图 9-51 所示。

提示：在复制白色矩形后，可以选中所有白色矩形，在属性栏中单击 ▯（顶对齐）和 ▯（水平居中对齐）按钮，如图 9-52 所示，对它们进行对齐。

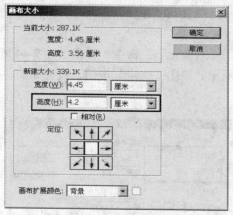

图 9-47 调整画布的高度

图 9-48 调整画布高度后的效果

图 9-49 设置矩形的参数

图 9-50 绘制白色矩形

图 9-51 复制白色矩形

图 9-52 设置对齐参数

6）将上方的白色矩形复制到下方，效果如图 9-53 所示。

图 9-53 将上方的矩形复制到下方

7）在图层面板中拼合图层，关闭图像，然后在弹出的对话框中单击 <u>否(N)</u> 按钮，如图 9-54 所示，从而关闭"0001.tif"图像文件。

8）在动作面板中单击 ■（停止录制）按钮，停止动画录制。此时，录制好的完整动作如图 9-55 所示。

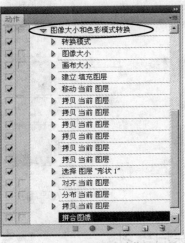

图 9-54　单击"否"按钮　　　　　　　　　　图 9-55　完整的动作

2. 自动批处理图片

执行菜单中的"文件|自动|批处理"命令，然后在弹出的"批处理"对话框中设置参数，如图 9-56 所示，单击"确定"按钮，此时程序会自动执行"图像大小和色彩模式转换"动作，将"原图"文件夹中的图像处理后放置到"结果图"文件夹中。图 9-57 为处理后放置到"结果图"文件夹中的图像效果。

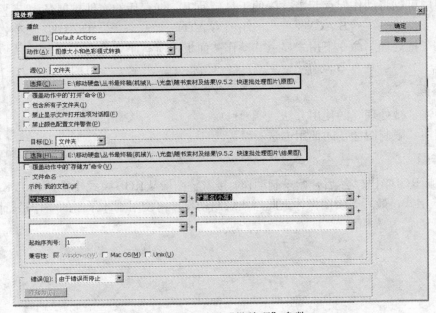

图 9-56　设置"批处理"参数

图 9-57　处理后放置到"结果图"文件夹中的图像效果

9.6　课后练习

1. 填空题

（1）序列前被打上"√"，并呈 _____ 显示时，表示该序列（包含所有动作和命令）可以执行；如果这个"√"呈 _____ 显示，则表示该序列中的部分动作或命令不能执行。

（2）使用 _____ 命令可以对多个图像文件执行同一个动作的操作，从而实现操作自动化。

2. 选择题

（1）用户可以将动作保存起来，以便于日后使用，保存后的文件扩展名为 _____。

A.ALV　　　　　　B.ACV　　　　　　C.ATN　　　　　　D.AHU

（2）在"批处理"命令下用来显示"动作"面板中所有序列的选项是 _____。

A.组　　　　　　B.动作　　　　　　C.源　　　　　　D.目标

3. 问答题

（1）简述"批处理"的使用方法。

（2）简述"限制图像"的使用方法。

4. 操作题

打开一幅RGB图像，然后开始录制动作，接着将图像从RGB模式转换为CMYK模式，并另存为TIFF格式，最后关闭图像，至此停止录制动作。再使用刚才录制的动作进行图像批处理。

第10章 综合实例

本章重点

学习了前面9章后，读者应已掌握了 Phtoshop CS4 的基本功能和操作。但在实际应用中，往往不能够得心应手，充分发挥出 Photoshop CS4 创建图像的威力。因此，本章将综合使用 Photoshop CS4 的功能来制作一些较生动的实例，巩固已学知识。

本章内容包括：
- 制作玻璃杯的透明效果
- 图像合成效果
- 制作电影海报效果

10.1 模拟玻璃杯的透明效果

 要点：

本例将利用两张图片模拟玻璃杯的透明效果，如图10-1所示。通过本例的学习，应掌握图层蒙版、图层组蒙版、不透明度及链接图层的综合应用。

原图1　　　　　　　　　原图2　　　　　　　　　结果

图10-1　模拟玻璃杯的透明效果

 操作步骤：

1）打开配套光盘中的"随书素材及结果\10.1 模拟玻璃杯的透明效果\原图1.bmp"和"原图2.bmp"文件，如图10-1所示。

2）选择工具箱上的 ⊹ (移动工具)，将"原图2.bmp"文件拖入到"原图1.bmp"中，结果如图10-2所示。

3）创建小怪人的选区，然后单击图层面板下方的 ⊡ (添加图层蒙版) 按钮，对"图层1"添加一个图层蒙版，将小怪人以外的区域进行隐藏，其效果如图10-3所示，此时图层分布如图10-4所示。

图 10-2 将"原图 2"拖入"原图 1"

图 10-3 隐藏小人以外区域

图 10-4 图层分布

4）选择"图层 1"，执行菜单中的"编辑|变换|水平翻转"命令，将该层图像水平翻转，效果如图 10-5 所示。

> **提示：** 利用蒙版中的黑色将图像中不需要的部分隐藏和直接将不需要的图像删除相比，前者具有不破坏原图的优点。执行菜单中的"图像|旋转画布|水平翻转画布"命令，是对整幅图像进行水平翻转；菜单中的"编辑|变换|水平翻转"命令，只对所选择的图层进行水平翻转，而未选择的图层不做翻转。

5）选择"背景"层，单击图层面板下方的 🔲（创建新图层）按钮，在背景层上方新建"图层 2"。

6）选择工具箱上的 ✐（画笔工具），确定前景色为黑色，在新建的"图层 2"上绘制小怪人的阴影，效果如图 10-6 所示。

图 10-5 水平翻转图像

图 10-6 绘制阴影

7）此时阴影颜色太深，为了解决这个问题，需要进入图层面板，将"图层 2"的不透明度设为 50%，效果如图 10-7 所示，图层分布如图 10-8 所示。

8）制作小怪人在玻璃杯后的半透明效果。方法：关闭"图层 1"和"图层 2"前的 👁 眼睛图标，从而隐藏这两个图层，如图 10-9 所示。

9）利用工具箱上的 ☑（多边形套索工具），在"背景"层上创建玻璃杯的选区，如图 10-10 所示。

10）单击图层面板下方的 ☐（创建新组）按钮，新建一个图层组，然后将"图层1"和"图层2"拖入图层组，效果如图 10-11 所示。

图 10-7　将阴影不透明度改为 50%　　　　　图 10-8　图层分布

图 10-9　隐藏"图层1"和"图层2"　　图 10-10　创建选区　　图 10-11　将图层拖入图层组

11）选择"组1"层，单击图层面板下方的 ☐（添加图层蒙版）按钮，对图层组添加一个图层蒙版，此时图层分布如图 10-12 所示。然后按住键盘上的〈Alt〉键，单击图层组的蒙版，使其在视图中显示，如图 10-13 所示。

12）按快捷键〈Ctrl+I〉，将其颜色进行反相处理，最后用 RGB（128，128，128）颜色填充图层组蒙版中的玻璃杯选区，如图 10-14 所示，以便于产生玻璃的透明效果，此时图层分布如图 10-15 所示。接着按快捷键〈Ctrl+D〉取消选区，效果如图 10-16 所示。

13）再次按住键盘上的〈Alt〉键，单击图层组的蒙版，使其在视图中取消显示。

14）恢复"图层1"和"图层2"的显示，然后利用工具箱上的 ➤（移动工具）在画面上移动小怪人，会发现阴影并不随小怪人一起移动。为了使阴影和小怪人一起移动，下面同时选择"图层1"和"图层2"，然后单击图层面板下方的 ∞（链接图层）按钮，将两个图层进行链接，如图 10-17 所示。此时阴影即可随小怪人一起移动了，最终效果如图 10-18 所示。

图 10-12　对图层组添加图层蒙版

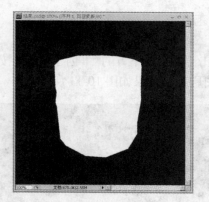

图 10-13　显示图层蒙版

图 10-14　用 RGB（128，128，128）颜色填充

图 10-15　图层分布

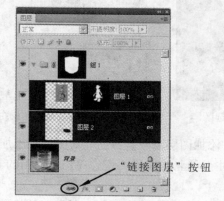

图 10-16　取消选区后的效果

图 10-17　链接图层

图 10-18　阴影随小怪人一起移动效果

10.2　制作反光标志效果

 要点：

　　本例将制作反光标志效果，如图 10-19 所示。通过本例的学习，应掌握图层样式、通道和滤镜的综合应用。

反光风景

反光标志

结果图

图 10-19　反光标志效果

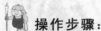 **操作步骤：**

1）执行菜单中的"文件 | 打开"命令，打开配套光盘中的"随书素材及结果 \10.2　制作反光标志效果 \ 反光标志.tif"文件，如图 10-19 所示。

2）按快捷键〈Ctrl+A〉，将其全选。然后按快捷键〈Ctrl+C〉，将其进行复制。接着，执行菜单中的"窗口 | 通道"命令，调出"通道"面板，单击面板下方的 （创建新通道）按钮创建"Alpha1"。最后，按快捷键〈Ctrl+V〉，将刚才复制的黑白图标粘贴到 Alpha1 通道中，如图 10-20 所示。

图 10-20　将图标贴入 Alpha1 通道中

3）在 Alpha1 通道中，按快捷键〈Ctrl+I〉反转黑白，然后将 Alpha1 拖动到通道面板下方的 （创建新通道）按钮上，将其复制一份，命名为"Alpha2"，如图 10-21 所示。

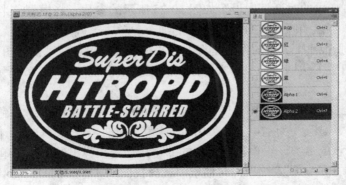

图 10-21　反转通道黑白后将 Alpha1 复制为"Alpha2"

4）选中"Alpha2"，执行菜单中的"滤镜｜模糊｜高斯模糊"命令，在弹出的对话框中设置如图 10-22 所示的参数，将模糊"半径"设置为 7 像素，对"Alpha2"中的图形进行虚化处理，单击"确定"按钮，效果如图 10-23 所示。

图 10-22　设置"高斯模糊"参数　　　　　　　　图 10-23　高斯模糊后的效果

5）将"Alpha2"中的图像单独存储为一个文件。方法：按快捷键〈Ctrl+A〉，将其全选，然后按快捷键〈Ctrl+C〉，将其进行复制。接着按快捷键〈Ctrl+N〉，新创建一个空白文件，单击"确定"按钮。最后按快捷键〈Ctrl+V〉，将刚才复制的"Alpha2"通道内容粘贴到新文件中，将该文件保存为"Logo-blur.psd"。

6）切换到"反光标志.tif"，然后在通道面板中单击"RGB"通道。接着执行菜单中的"窗口｜图层"命令，调出"图层"面板，接着按〈D〉键，将工具箱中的前景色和背景色分别设置为默认的"黑色"和"白色"。按快捷键〈Ctrl+Delete〉，将背景层填充为白色。

7）执行菜单中的"文件｜打开"命令，打开配套光盘中的"随书素材及结果\10.2　制作反光标志效果\反光风景.jpg"文件，如图 10-19 所示。然后选择工具箱中的 （移动工具），将风景图片直接拖动到"反光标志.tif"文件中，此时在"图层"面板中会自动生成一个新的图层，下面将该图层命名为"风景图片"。接着，按〈Ctrl+T〉快捷键，应用"自由变换"命令，按住控制框一角的手柄向外拖动，适当放大图像，使它充满整个画面。

8）在图层面板中拖动"风景图片"层到下方的 （创建新图层）按钮上，将其复制一份，命名为"模糊风景"，此时图层分布如图 10-24 所示。然后执行菜单中的"滤镜｜模糊｜高斯模糊"命令，在弹出的对话框中设置如图 10-25 所示的参数，将模糊"半径"设置为 5 像素，图像稍微虚化，可以消除一些分散注意力的细节，单击"确定"按钮。

9）这一步骤很重要，它的作用是将生成的标志位置限定在可视的图层边缘内。方法：执行菜单中的"图像｜裁切"命令，在弹出的对话框中设置如图 10-26 所示的参数，单击"确定"按钮。

10）在图层面板中拖动"模糊风景"层到下方的 （创建新图层）按钮上，将其复制一份，并将其命名为"标志"。然后执行菜单中的"滤镜｜扭曲｜玻璃"命令，在弹出的对话框中设置如图 10-27 所示的参数。再单击右上角的的 按钮，在弹出的下拉菜单中选择"载入纹理"选项。接着在弹出的"载入纹理"对话框中选择我们刚才存储的"Logo-blur.psd"，单击"打开"按钮,返回"玻璃"对话框。此时在左侧的预览框内可看到具有立体感觉的标志图形已从背景中浮凸出来,最后单击"确定"按钮。

提示: 如果菜单中的"滤镜 | 扭曲"下没有"玻璃"滤镜,可以执行菜单中的"滤镜 | 扭曲 | 显示所有菜单项目"命令,显示出"玻璃"滤镜。

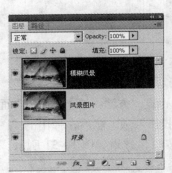

图 10-24　图层分布

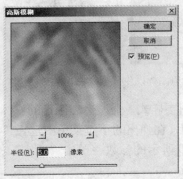

图 10-25　设置"高斯模糊"

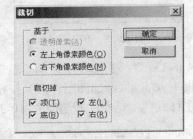

图 10-26　"裁切"对话框

图 10-27　在"玻璃"对话框中载入"Logo-blur.psd"

11) 在图层面板中选中"标志"层,然后打开通道面板,在按住〈Ctrl〉键的同时,单击如图 10-28 所示的"Alpha1"通道图标以生成选区。

12) 单击图层面板下方的 ▢ (添加图层蒙版)按钮,在"标志"层上创建一个图层蒙版,如图 10-29 所示。

图 10-28　单击"Alpha1"通道图标以生成标志图形的选区

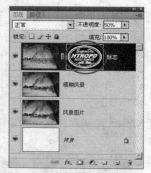

图 10-29　添加图层蒙版

13）为"标志"层添加一些图层样式，强调标志图形的立体感觉。方法：单击"图层"面板下方的 _fx_ .（添加图层样式）按钮，在弹出的下拉菜单中选择"投影"项。然后在弹出的"图层样式"对话框中设置如图 10-30 所示的参数，单击"确定"按钮，效果如图 10-31 所示。

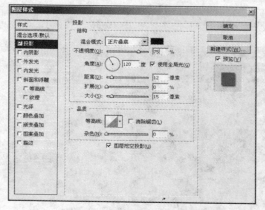

图 10-30　设置"投影"参数

图 10-31　添加投影后的标志效果

14）在"图层样式"对话框左侧列表中选择"内阴影"项，设置如图 10-32 所示的参数，添加暗绿色的内阴影，单击"确定"按钮，效果如图 10-33 所示。

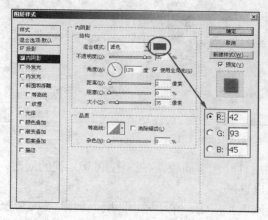

图 10-32　设置"内阴影"参数

图 10-33　添加暗绿色内阴影后的标志效果

15）在"图层样式"对话框左侧列表中再选择"斜面和浮雕"项，设置如图 10-34 所示的参数，在标志外侧产生更为明显的雕塑感，单击"确定"按钮，效果如图 10-35 所示。

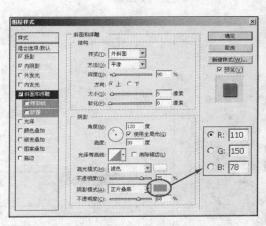

图 10-34　设置"斜面和浮雕"参数　　　　图 10-35　斜面和浮雕效果

16）将工具箱中的前景色设置为一种深绿色（RGB（0，80，90））。然后单击"图层"面板下方的 ▢（创建新图层）按钮，创建"图层 1"。接着按快捷键〈Alt+Delete〉，将"图层 1"填充为深绿色。再将图层混合模式设定为"正片叠底"，不透明度为 88%，如图 10-36 所示。深暗的背景图像起到了衬托主体的作用，此时标志图形呈现出一种类似铬合金的光泽效果。

提示：如图 10-37 所示，"图层 1"位于"标志"层和"模糊风景"层之间。

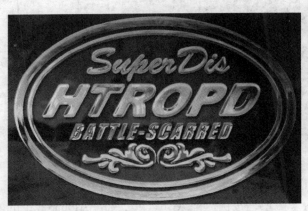

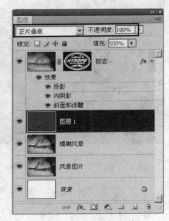

图 10-36　深暗的背景图像起到了衬托主体的作用　　　图 10-37　图层分布

17）在标志的中间部分制作较亮的反光。方法：先打开通道面板，拖动 Alpha1 通道到面板下方的 ▢（创建新通道）按钮上将其复制一份，命名为"Alpha3"。然后按快捷键〈Ctrl+I〉，将通道图像黑白反转。接着选择"Alpha3"，执行菜单中的"滤镜｜艺术效果｜塑料包装"命令，在弹出的对话框中设置如图 10-38 所示的参数，左侧预览框中可以看出加上光感的效果，单击"确定"按钮。

18）按〈Ctrl〉键单击"Alpha1"前的通道缩略图，从而获得"Alpha1"中图标的选区。然后单击"Alpha3"，执行菜单中的"选择｜修改｜收缩选区"命令，在弹出的对话框中设置如图 10-39 所示的参数，使选区向内收缩 1 像素，单击"确定"按钮。

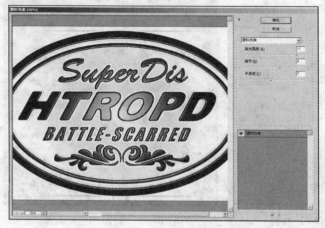

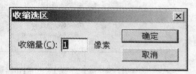

图 10-38　在"Alpha3"中添加"塑料包装"滤镜效果　　　图 10-39　设置"收缩选区"参数

19）按快捷键〈Shift+Ctrl+I〉反选选区，将工具箱中的背景色设为黑色，然后按快捷键〈Ctrl+Delete〉，将选区填充为黑色。接着按快捷键〈Ctrl+D〉取消选区，效果如图 10-40 所示。

图 10-40　用黑色填充"Alpha 3"

20）在通道"Alpha3"中按快捷键〈Ctrl+A〉，进行全选，然后按快捷键〈Ctrl+C〉，进行复制。接着打开图层面板，选择"标志"层，按快捷键〈Ctrl+V〉，将"Alpha3"中的内容粘贴成为一个新图层，并将此图层命名为"高光"。

21）选中"高光"图层，然后在图层面板上将其图层混合模式更改为"滤色"，不透明度为 70%，如图 10-41 所示。此时标志的中间部分像被一束光直射一般，产生了明显的反光效果，如图 10-42 所示。

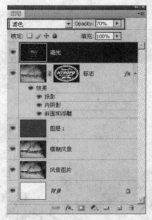

图 10-41 图层分布　　　　　　　　图 10-42 在标志中部加上了光照效果

22）在通道面板中，拖动"Alpha1"到面板下方的 ◻（创建新通道）按钮上，将其复制一份，并将其命名为"Alpha4"。然后利用工具箱中的 ◢（画笔工具），如图 10-43 所示设置画笔工具选项栏参数。接着，将工具箱中的前景色设置为白色，用画笔工具将"Alpha4"中标志内部全部描绘为白色，目的是为了选取标志的外轮廓，如图 10-44 所示。

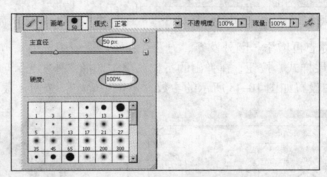

图 10-43 画笔工具选项栏设置

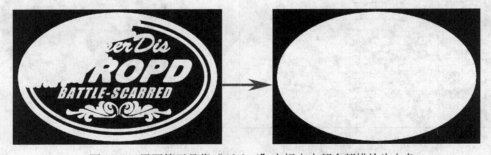

图 10-44 用画笔工具将"Alpha4"中标志内部全部描绘为白色

23）按〈Ctrl〉键单击"Alpha 4"前的通道缩略图，获得"Alpha 4"中图标外轮廓的选区。然后打开图层面板，单击"背景层"，接着单击面板下方的 ◻（创建新图层）按钮，创建一个新图层，并将其命名为"剪切蒙版"。最后按快捷键〈Ctrl+Delete〉，将该层上的选区填充为黑色，如图 10-45 所示。

24）按住〈Alt〉键，在"剪切蒙版"上的每一个图层下边缘线上单击，所有图层都会按"剪切蒙版"层的形状进行裁切，每个被剪切过的图层缩略图前都出现了 ┏（剪切蒙版）图标，如图 10-46 所示。此时标志从背景中被隔离了出来，下面按快捷键〈Ctrl+D〉取消选区，最后效果如图 10-47 所示。

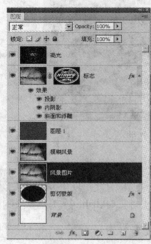

图 10-45　填充黑色　　　　　图 10-46　裁切图层　　　　图 10-47　标志从背景中被隔离了出来

25）为整个标志再增添一圈外发光。方法：在图层面板中选中"剪切蒙版"层，单击面板下部 ┏（添加图层样式）按钮，在弹出的下拉菜单中选择"外发光"项。然后在弹出的"图层样式"对话框中设置如图 10-48 所示的参数，单击"确定"按钮，效果如图 10-49 所示。

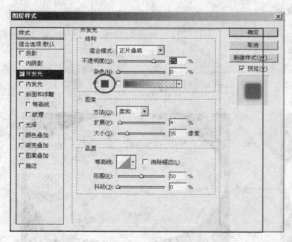

图 10-48　设置"外发光"参数　　　　　图 10-49　添加了外发光后的标志效果

26）再手动添加些喷漆闪光。方法：单击面板下方的 ┓（创建新图层）按钮，创建一个新图层，并将其命名为"闪光"，将该层移至所有图层的上面，如图 10-50 所示。然后选择工具箱中的 ┃（画笔工具），如图 10-51 所示设置画笔工具选项栏参数。接着将工具箱中的前景色设置为白色，用画笔工具在标志图像上的一些高光区域涂画，效果如图 10-52 所示。

提示：标志上小字体的高光部分要注意换用小尺寸的笔刷进行涂画。

27）至此，整个立体反光标志制作完毕，效果如图 10-53 所示。

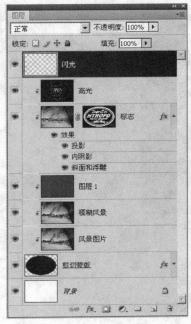

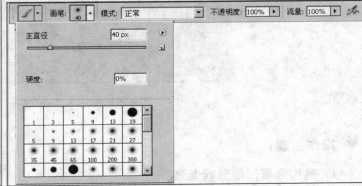

图 10-50   图层分布   图 10-51   添加闪光的画笔工具选项栏设置

图 10-52   在图像中的高光区域画上白色的闪光点   图 10-53   最终效果

10.3   Apple 标志及文字金属质感的处理效果

 要点：

本例将制作 Apple 标志及其文字的金属质感，如图 10-54 所示。这个案例要结合 Photoshop 与 Illustrator 两个软件的功能来完成。画面背景是泛着金属光泽的银灰色凹凸结构，这部分的金属质感主要通过 Photoshop 中的滤镜工具生成；而苹果标志和字母的立体形态则是通过

Illustrator软件中的渐变网格工具制作完成的。因此，该案例中需要重点掌握的两个核心知识点是：利用滤镜如何产生金属质感，以及如何通过调节渐变网格点来营造惟妙惟肖的立体感。

图10-54　Apple标志及文字金属质感处理

 操作步骤：

1. 制作金属凹陷形状背景

1）执行菜单中的"文件｜新建"命令，在弹出的对话框中设置参数，如图10-55所示，然后单击"确定"按钮，新建一个文件，存储为"Apple.psd"。

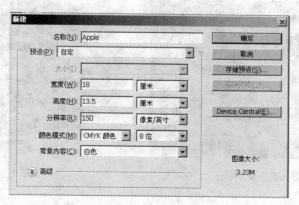

图10-55　建立新文档

2）选择工具箱中的 ，然后单击工具选项栏左部的 ![gradient]（点按可编辑渐变）按钮，在弹出的"渐变编辑器"对话框中设置参数，如图10-56所示。由于第一步我们要制作一个银灰色的金属底板，因此设置"浅灰-白色-浅灰"的三色渐变（灰色参考颜色数值为CMYK（0，0，0，70）），单击"确定"按钮。接着，按住〈Shift〉键在画面中从左至右拖动鼠标，在画面中填充"浅灰-白色-浅灰"的三色线性渐变，效果如图10-57所示。这种灰白相间的渐变是生成金属质感的理想底色。

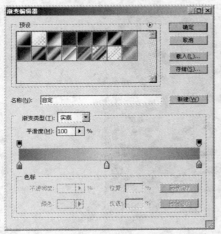

图 10-56　在渐变编辑器里设置渐变参数

图 10-57　在画面中填充三色线性渐变

3）执行菜单中的"窗口｜图层"命令，调出"图层"面板，将背景层拖动到面板下部 （创建新图层）按钮上复制一份，并更名为"layer1"。接下来，使用滤镜工具生成金属质感。方法：指定工具箱中的前景色为"黑色"，背景色为"白色"。然后选中"layer1"图层，执行菜单中的"滤镜｜杂色｜添加杂色"命令，在弹出的"添加杂色"对话框中设置参数，如图 10-58 所示，将"数量"设置为 12.5%，并且选中"平均分布"单选按钮和"单色"复选框，画面中出现了密密麻麻的细小黑点，单击"确定"按钮。

4）接下来这一步，对于金属质感的形成至关重要。执行菜单中"滤镜｜模糊｜动感模糊"命令，然后在弹出的对话框中设置参数，如图 10-59 所示，将"角度"设为 0°，"距离"设置为 68 像素，单击"确定"按钮后，可以看到刚才画面中的小黑点都变成了密密麻麻的水平细线，与银灰色的背景融为一体，读者可以放大画面局部观看这种细密紧致的金属质感。其效果如图 10-60 所示。

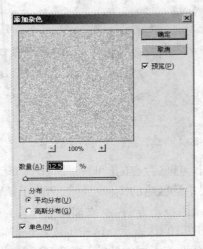

图 10-58　在"添加杂色"对话框中设置参数

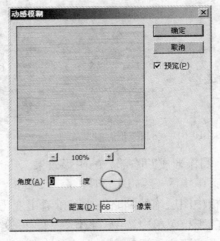

图 10-59　在"动感模糊"对话框中设置参数

图 10-60　形成细致的金属质感

5）金属底板大致形成后，还要继续制作上面的凹陷部分，形成金属镂空的感觉。方法：在"图层"面板中选中"layer1"层，将其拖动到面板底部 （创建新图层）按钮上自动复制出一个新层，更名为"layer2"（注意，图层"layer2"位于图层"layer1"的上面）。然后选中"layer2"层，选择工具箱中的 （钢笔工具），在其选项栏内单击 （路径）按钮，绘制如图10-61 所示的扇形闭合路径。

6）执行菜单中的"窗口｜路径"命令调出"路径"面板，将绘制完成的路径存储为"路径1"。在路径面板中单击并拖动"路径1"到面板下方的 （将路径作为选区载入）图标上，将路径转换为浮动选区，效果如图 10-62 所示。

提示：有关"路径的绘制"，请参看本书第 7 章。

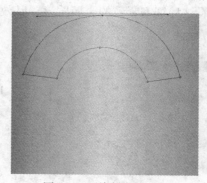

图 10-61　绘制扇形路径

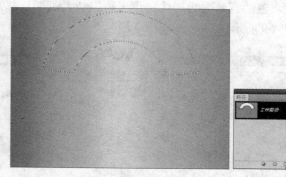

图 10-62　将扇形路径转换为浮动选区

7）制作形成凹陷部分的阴影效果。方法：保持扇形选区存在的同时，按〈Delete〉键或者执行菜单中的"编辑｜清除"命令，此时"layer2"层中选区内的图像已经被清除了，从"图层"面板中图层前的缩略图中可以看出变化。然后单击面板下方的 （添加图层样式）按钮，在弹出的下拉菜单中选中"投影"项，再设置参数，如图 10-63 所示。这一步读者也可以自己决定投影的距离、透明度、大小等参数，不同的参数会形成不同的凹陷深度和强度。设置完毕后单击"确定"按钮，此时金属板上部出现凹陷的初步效果，如图 10-64 所示。

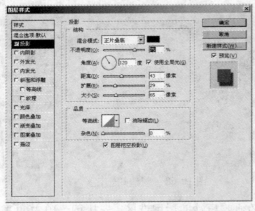

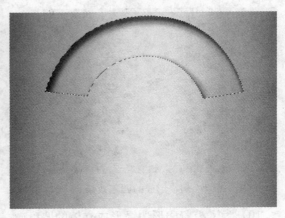

图 10-63　在"图层样式"对话框中设置"投影"参数　　　图 10-64　添加"阴影"效果后出现凹陷感

8）扇形部分实际上是个半圆形状，下面来制作另一个半圆形，以形成上下对称的结构，这里采用一种简易的复制变形法来实现。方法：首先将扇形选区移至画面下部，然后执行菜单中的"选择｜变换选区"命令，选区四周出现如图 10-65 所示的矩形控制框，接着执行菜单中的"编辑｜变换｜旋转 180 度"命令，此时扇形选区进行了上下翻转，在控制框内双击鼠标，得到如图 10-66 所示的对称选区。最后按〈Delete〉键或者执行菜单中的"编辑｜清除"命令，得到如图 10-67 所示的效果。

提示：两个扇形结构都位于图层"layer2"上，这样两者保持相同的投影效果。

9）目前形成的仅仅是凹陷的初步效果，需要进一步强化处理的是具有立体效果的边缘部分，此部分步骤较多容易出错，在制作时要细心操作。方法：在"图层"面板上新建图层"layer3"，然后利用工具箱中的 ◊（钢笔工具）在"layer3"中沿着刚才画好的上部扇形边缘绘制一个稍大一点的扇形的闭合路径，参考本例步骤 6 将路径变为选区，效果如图 10-68 所示。

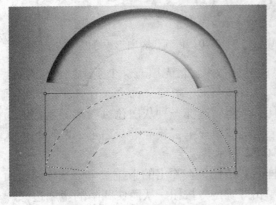

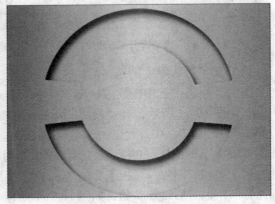

图 10-65　进行变换选区的操作　　　　图 10-66　扇形选区进行了翻转，形成上下对称的结构

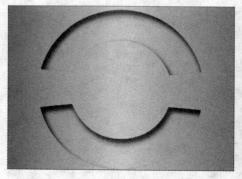

图 10-67　初步形成的凹陷效果

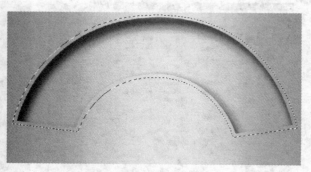

图 10-68　创建新选区

10）为了沿着扇形边缘形成立体的厚度感，必须要巧妙地运用选区。先执行菜单中的"选择｜反向"命令，将选区进行反转，然后在"图层"面板中选中图层"layer2"，应用工具栏中的 (魔棒工具)，按住〈Shift〉键的同时单击画面中上部的扇形凹陷部分，这样就把扇形的凹陷部分和扇形的外围部分同时选中了，如图 10-69 所示。接着，再执行一遍菜单中的"选择｜反向"命令，得到如图 10-70 所示选区，这部分选区形状代表扇形边缘的厚度区域。

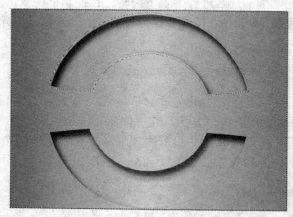

图10-69　把扇形凹陷部分和扇形的外围部分同时选中

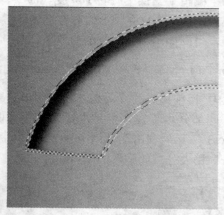

图 10-70　得到代表扇形边缘厚度的选区

11）有了边缘厚度的选区后，接着制作厚度的立体效果。首先填充一个基本颜色。方法：在"图层"面板中选中图层"layer3"，执行菜单中的"编辑｜填充"命令，在弹出的对话框中设置如图 10-71 所示，将"使用"设置为"颜色"，然后选择一种灰白色（参考颜色数值为 CMYK（0，0，0，10）），单击"确定"按钮。选区里被填充上了较亮的灰白色，凹陷的形状仿佛被镶上了一圈明亮的装饰边线。效果如图 10-72 所示。

12）单击"图层"面板下方的 (添加图层样式)按钮，在弹出的下拉菜单中选中"斜面和浮雕"项，然后设置参数，如图 10-73 所示，单击"确定"按钮，从而使凹陷的金属边缘产生立体的厚度感，效果如图 10-74 所示。

13）"斜面和浮雕"使金属边缘产生立体凸起的效果，但为了让边缘更具有金属的光泽感，还需要再添加两个使光效发生微妙变化的图层样式，它们分别是"外发光"和"内发光"。方法：单击"图层"面板下方的 (添加图层样式)按钮，在弹出的下拉菜单中选中"内发光"

项，然后在打开的"图层样式"对话框中设置参数，如图 10-75 所示，单击"确定"按钮，效果如图 10-76 所示。

提示："内发光"的"混合模式"选择"正常"，"颜色"为黑色。

图 10-71 "填充"对话框

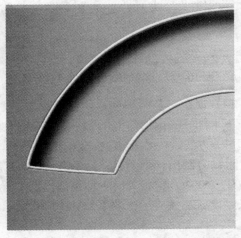

图 10-72 在边缘选区内填充上较亮的灰白色

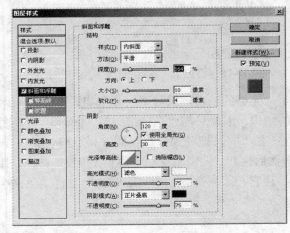

图 10-73 设置"斜面和浮雕"参数

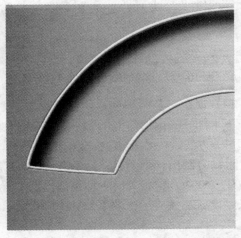

图 10-74 凹陷边缘产生立体的厚度感

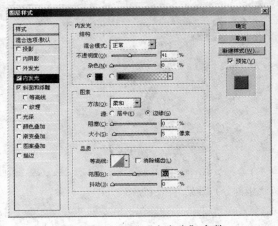

图 10-75 设置"内发光"参数

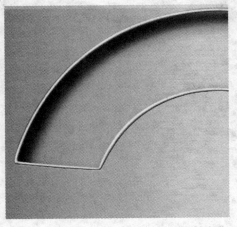

图 10-76 添加了"内发光"后的微妙变化

同理，在"图层样式"对话框中设置"外发光"项的参数，如图 10-77 所示，为边缘再添加 5 像素宽的外发光。然后单击"确定"按钮，此时边缘厚度的光泽感、立体感和镶嵌感就都呈现出来了，这种凸起的细边线会使它所修饰的内容变得精致。最后效果如图 10-78 所示。

提示："内发光"和"外发光"都是细节部分的微妙处理，效果不能过于强烈。

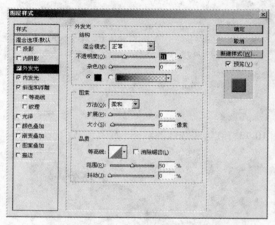

图 10-77　设置"外发光"参数

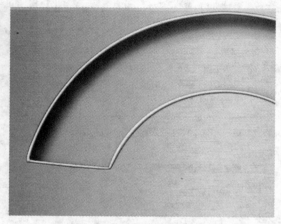

图 10-78　添加了"外发光"后边缘镶嵌感增强

14）现在，上半部的扇形结构制作完成了，完整的扇形效果与图层分布如图 10-79 所示。由于下半部分的扇形与上半部分是完全对称的结构，因此只需要直接把图层"layer3"复制旋转即可。方法：在"图层"面板中选中"layer3"层，将其拖动到面板底部 （创建新图层）按钮上自动复制出一个新层，更名为"layer4"。然后执行"编辑｜变换｜旋转180度"命令，接着按住〈Shift〉键将其向下移至适当的位置，让它与下半部分扇形边缘吻合，这样上下两个边缘厚度就都完成了，效果如图 10-80 所示。

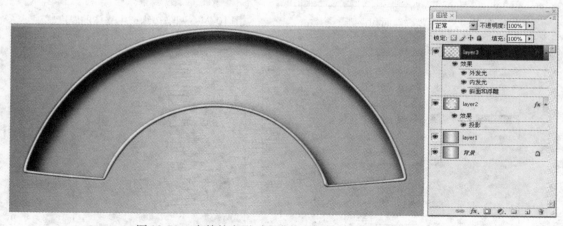

图 10-79　完整的扇形（上半部分）效果与图层分布

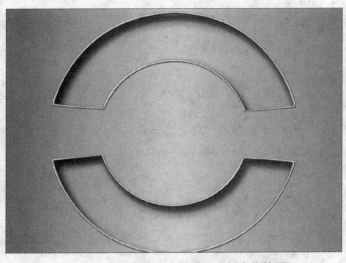

图 10-80 复制出下半部分扇形的边缘效果

15）边缘凸起效果制作完成后，在扇形边缘及整体画面的外围添加立体修饰，还是应用图层样式功能来完成。方法：先选中图层"layer2"，单击"图层"面板下部的 f_x（添加图层样式）按钮，在弹出的下拉菜单中选中"斜面和浮雕"项，在弹出的对话框中设置参数，如图10-81 所示。单击"确定"按钮，效果如图 10-82 所示。放大边缘局部，从图 10-83 中可清晰地看出画面边缘向内凸起，形成立体的转角效果，而放大后的扇形边缘显示出强烈的金属感。

提示：请注意此步骤选取的图层是前面生成的"layer2"。

2．制作立体苹果图标

1）接下来要制作位于画面中间的苹果图标，要求具有强烈的立体效果，而且表面光的分布也很特殊，属于带有三维立体感和特殊材质反光的形体。当处理这种图形时，颜色过渡的细腻、自然与流畅是至关重要的，因此我们采用 Illustrator 中的渐变网格功能来进行此部分的制作，最后切换到 Photoshop 中进行合成。

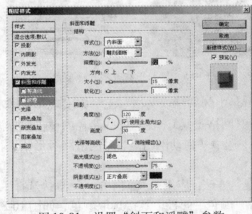

图 10-81 设置"斜面和浮雕"参数

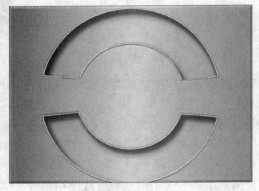

图 10-82 边缘厚度完成后的效果

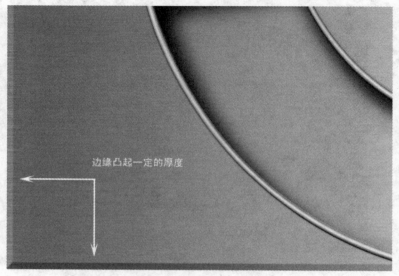

边缘凸起一定的厚度

图 10-83　放大局部边缘

2）绘制苹果图标的基本形状。方法：打开 Illustrator 软件，新创建一个 AI 文件，利用工具箱中的 ◊（钢笔工具）绘制出如图 10-84 所示的路径形状，苹果边缘的曲线要非常圆滑，因此在绘制完成后，还可选用工具箱中的 ▶（直接选择工具）调节锚点及其手柄以修改曲线形状。形状调整完成后，将其"填色"设置为深蓝色（参考颜色数值为 CMYK（90，90，10，0）），效果如图 10-85 所示。

图 10-84　苹果图标大致外形　　　　图 10-85　修整形状并填充深蓝色

3）基本外形绘制完成后，我们应用 Illustrator 中的"渐变网格"工具来实现苹果图形内部起伏变化的颜色效果。方法：选择工具箱中 ▦（网格工具），在画好的路径内单击鼠标添加网格点。然后利用工具箱中的 ▶（直接选择工具）选中并拖动网格点，对网格路径形状进行调节，如图 10-86 所示。

4）形成初步的网格后，可以进行编辑和上色。方法：应用工具箱中的 ▶（直接选择工具）或 ▦（网格工具）选中网格点（或网格单元），在"颜色"面板中直接选取颜色，如图 10-87 所示。渐变网格的颜色是依照网格路径的形状而分布的，只要移动和修改路径即可改变渐变的颜色分布。

提示：如果单击选不中节点，可以按住〈Shift〉键点选。

图 10-86　添加渐变网格

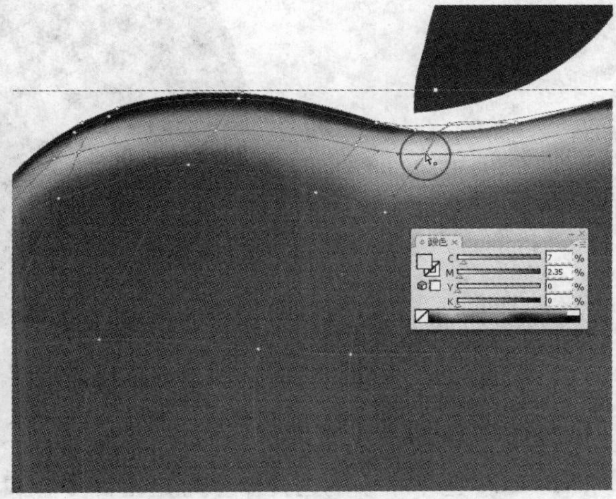

图 10-87　调节网格点颜色

5）利用渐变网格原理将苹果内部的颜色调亮一些，而四周颜色保持深蓝色，在靠近上部边缘的地方设置较亮的颜色，调整完成后的网格效果如图 10-88 和图 10-89 所示。利用渐变网格，就能根据自己的意愿对图形颜色进行自由调节，有兴趣的读者可以参考 Illustrator 软件说明书，继续深入学习它的强大功能。

图 10-88　调整完成的苹果网格形状

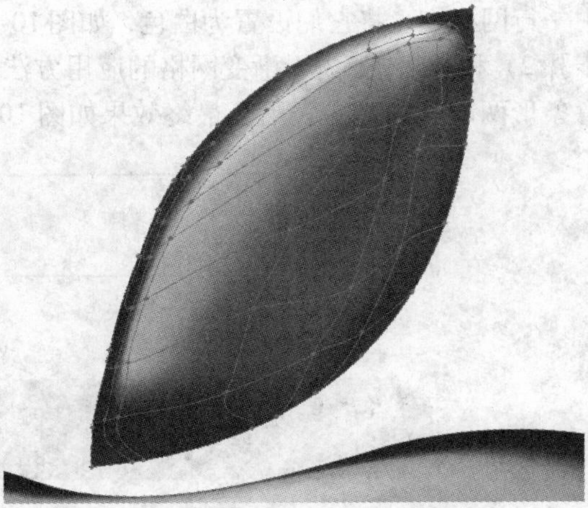

图 10-89　苹果叶子网格形状

6）最后，利用工具箱中的 ▶（选择工具）选中苹果和叶子图形，执行“对象 | 编组”命令，将所有图形组成一组。完整的立体苹果标如图 10-90 所示。

图 10-90　苹果标志完整的效果

3. 制作"APPLE"艺术字

"APPLE"艺术字中的这几个字母是由许多金属条形状拼接而成的，虽然形状简单，但表面具有趣味的颜色和反光，仿佛光滑的彩色漆面。本例将采用具有绿、黄、橙、红、紫、蓝6种颜色的金属条来拼接成艺术字型。先来制作一个基本金属条形状，为了开拓读者的思路，我们分别讲解应用 Illustrator 和 Photoshop 软件制作两种效果相同的金属条的方法。

思路1：采用 Illustrator 软件中的渐变网格进行制作。方法：首先应用工具箱中的 ◊.(钢笔工具）绘制出条状的大致轮廓，将其"填色"设置为一种绿色，然后应用▣(网格工具）在其中添加适当的网格，如图 10-91 所示。利用工具箱中的▣.(直接选择工具）或▣(网格工具）选中一行网格点，将它们设置为白色，如图 10-92 所示。参考前面"2. 制作立体苹果图标"中的步骤2）和步骤3）关于渐变网格的应用方法，逐行改变颜色，具体方法不再赘述，请读者注意条形两端光的弯曲表示。最终效果如图 10-93 所示。

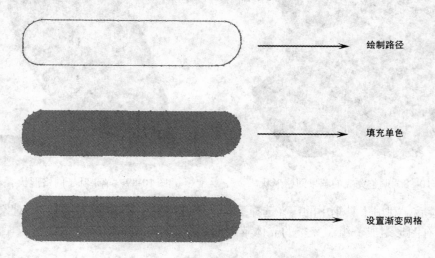

绘制路径

填充单色

设置渐变网格

图 10-91　绘制出形状，并添加网格点

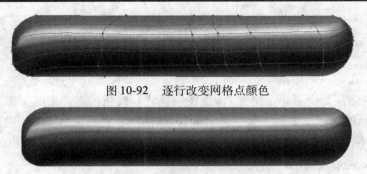

图 10-92 逐行改变网格点颜色

图 10-93 金属条形的最终效果

思路 2：采用 Photoshop 中的图层样式进行制作。

1）在 Photoshop 软件中新创建一个空白文件，新建"图层 1"，然后用工具箱中的 █(圆角矩形工具）绘制出一个窄长的圆角矩形，填充为绿色，效果如图 10-94 所示。

提示：圆角矩形的边角弧度在工具选项栏中进行设置。另外注意绘制前先单击 █(填充像素）按钮。

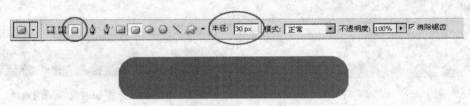

图 10-94 绘制一个窄长的圆角矩形

2）单击"图层"面板下部的 █(添加图层样式）按钮，在弹出的下拉菜单中选中"渐变叠加"项。打开如图 10-95 所示的"图层样式"对话框，在其中单击"渐变"后的条状按钮，在弹出的"渐变编辑器"对话框中设置绿色系的多色渐变，如图 10-96 所示（读者也可以自己设置变化的渐变色）。这种复杂的渐变色用于形成金属的光泽感。最后，单击"确定"按钮，效果如图 10-97 所示。

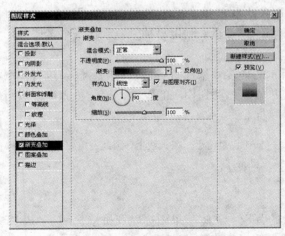

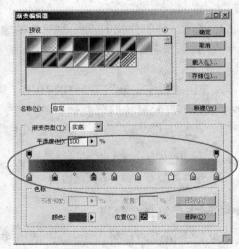

图 10-95 设置"渐变叠加"参数　　　　　图 10-96 设置多色渐变

图 10-97　应用多色渐变进行渐变叠加后的效果

3）单击"图层"面板下部的 （添加图层样式）按钮，在弹出的下拉菜单中选中"内发光"项。在弹出的对话框中设置参数，如图 10-98 所示，为条状金属添加向内的绿色发光，这样可以使它具有立体按钮的凸起感。单击"确定"按钮，效果如图 10-99 所示。

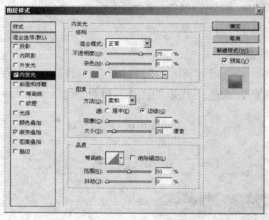

图 10-98　设置"内发光"参数

图 10-99　金属条添加内发光后的效果

4）拼合图层，然后选择工具箱中的 （涂抹工具）对金属条两端进行光泽的扭曲处理，进一步强调它的立体光影，效果如图 10-100 所示。

图 10-100　用"涂抹工具"处理金属条两端细节

5）同理，再制作出其余 5 种颜色的金属条形状（读者可以自行选择应用 Photoshop 或 Illustrator 软件来制作）。参考颜色为黄、橙、红、紫、蓝，利用每种颜色制作一个金属条形状即可。

6）开始"拼字游戏"，参照图 10-101 所示的最终效果，将各种颜色的金属条进行复制与拼贴。根据字母的形状调节成适合的长度，并分别移动到相应的位置，这一步骤需要进行精细的调节，最后将金属条拼合成"APPLE"字样。

> 提示：注意每个金属条之间的距离是相等的，每一横排也是位于一条直线上，因此一定要注意水平对齐，这样才能给人以整齐规范的感觉。

4. 制作最终整合效果

至此，本例画面素材——金属凹陷形状的背景、立体苹果图标以及拼接文字"APPLE"，都分别制作完成。现在进行最后的整合，其具体操作步骤如下。

1）应用工具箱中的 （选择工具），将前面已编组的苹果图形选中（Illustrator 制作），因为 Photoshop CS4 与 Illustrator CS4 是相互兼容的，可直接将绘制好的 AI 苹果图形拖动到 Photoshop 中打开的"Apple.psd"文件中，自动生成独立的一层。将该层更名为"苹果标志"。然后按键盘上的〈Ctrl+T〉快捷键应用"自由变换"命令，按住〈Shift〉键拖动控制框边角的手柄，使苹果图形等比例缩小，并将其移动到如图 10-102 所示画面居中的位置，形成稳定的画面结构。

图 10-101　APPLE 字样最终拼接效果　　　　图 10-102　将绘制好的苹果图形置入画面中心位置

2）在"苹果标志"层，单击"图层"面板下部 _fx_（添加图层样式）按钮，在弹出的下拉菜单中选择"投影"项，然后在弹出的"图层样式"对话框中设置如图 10-103 所示的参数，单击"确定"按钮。为置入的苹果图形添加投影，使苹果与背景产生距离感，效果如图 10-104 所示。

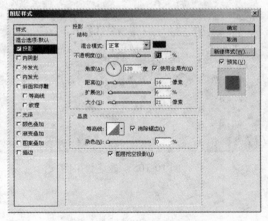

图 10-103　设置"投影"参数　　　　　　图 10-104　添加投影的苹果图形效果

3）同理，将金属条拼接而成的"APPLE"艺术字也置入"Apple.psd"中，自动生成新的图层，更名为"apple 文字"，参考图 10-105 所示的效果，调整文字的大小和位置，使画面所有图形都形成中心对称的结构。

4）为了便于观看效果，隐藏"苹果标志"层，然后选择"apple 文字"层，单击"图层"面板下部 _fx_（添加图层样式）按钮，在弹出的下拉菜单中选择"投影"项，接着在弹出的"图层样式"对话框中设置如图 10-106 所示的参数（为艺术字也添加投影效果）。最后，单击"确定"按钮，投影使画面各个元素间产生了层次感和空间感，也使背景的凹陷效果更为显著，如图 10-107 所示。

5）至此，整个画面制作完成。重新显现"苹果标志"层，最终效果如图 10-108 所示。在这个案例的制作过程中，我们学习到了滤镜、图层样式以及渐变网格的使用方法。更重要的是开拓了设计思路，灵活地实现了 Illustrator 与 Photoshop 软件的完美结合。

图 10-105　将艺术字置入到画面的中心位置

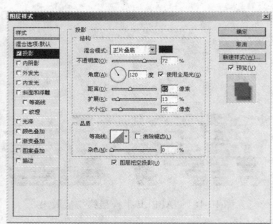

图 10-106　为文字设置"投影"参数

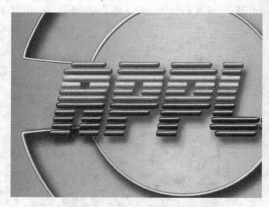

图 10-107　投影使画面产生了层次感和空间感

图 10-108　最终效果图

10.4　制作广告图像合成效果

要点：

本例将利用 3 幅图片合成 1 幅图片，如图 10-109 所示。通过本例的学习，应掌握图层蒙版、图层样式、新的填充和调节图层的综合应用。

原图 1

原图 2

原图 3

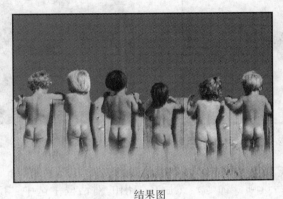
结果图

图 10-109 图像合成效果

 操作步骤：

1. 处理木板图像

1）打开配套光盘中的"随书素材及结果\第10章 综合实例\10.4 制作广告图像合成效果\原图 1.jpg"文件，如图 10-109 所示。

2）新建一个"图层 1"，并用白色填充该图层。

3）将"图层 1"的图层混合模式设定为"颜色"，这样可以只保留原图的灰阶层次，效果及图层分布如图 10-110 所示。

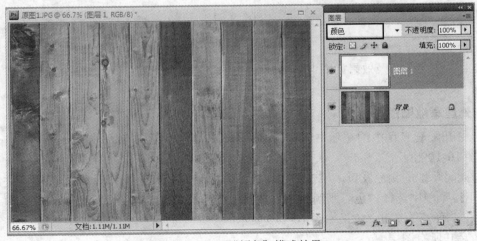

图 10-110 "颜色"模式效果

4）此时图像对比度不强。为了解决这个问题，执行菜单中的"图像 | 调整 | 色阶"命令，在弹出的对话框中设置参数，如图 10-111 所示，接着单击"确定"按钮，效果如图 10-112 所示。

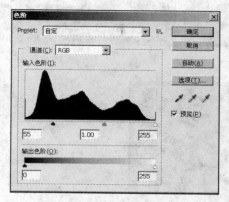
图 10-111　调整"色阶"参数

图 10-112　调整"色阶"效果

5）对木板图片重新上色。方法：单击图层面板下方的 _{fx}（添加图层样式）按钮，在弹出的下拉菜单中选择"混合选项"命令，然后在弹出的对话框中选中"颜色叠加"和"图案叠加"选项，并分别设置参数，如图 10-113 所示，单击"确定"按钮。

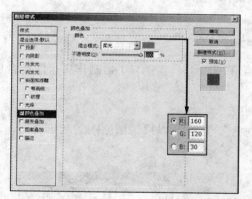
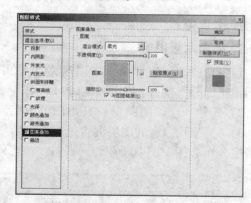
图 10-113　设置图层样式

6）此时图层分布及效果如图 10-114 所示。将所有图层合并为一个图层，以便于以后和其他图像合成。

2．处理草地贴图

1）打开配套光盘中的"随书素材及结果\10.4　制作广告图像合成效果\原图 2.jpg"文件，如图 10-109 所示。

2）此时草地的颜色发黄，单击图层面板下方的 （创建新的填充和调整图层）按钮，在弹出的下拉菜单中选择"色彩平衡"命令，然后在弹出的对话框中设置参数，如图 10-115 所示，单击"确定"按钮，效果如图 10-116 所示。

3）合并所有图层。

图 10-114 图层分布及效果

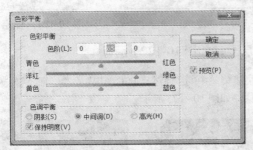

图 10-115 调整"色彩平衡"参数

图 10-116 "色彩平衡"效果

3. 合成图像

1)选择工具箱上的 ,设置"羽化"值为 10,创建如图 10-117 所示的选区。

2)执行菜单中的"编辑|复制"命令,然后打开配套光盘"随书素材及结果\10.4 制作广告图像合成效果\原图 3.jpg"文件,执行"编辑|粘贴"命令。

3)选择工具箱上的 ,然后将草地移动到适当的位置,效果如图 10-118 所示。

图 10-117 创建选区

图 10-118 放置草地图片

4)为了将木板粘贴到"原图 3.jpg"的适当位置,必须将 6 个小孩分离到独立的图层上。为此必须关闭草地图层前的 ,将草地层隐藏,以便于选取小孩,如图 10-119 所示。

5）选择工具箱上的 ☑（多边形套索工具），设置"羽化"值为0，然后建立左侧小孩选区，如图 10-120 所示。在图像上单击右键，从弹出的快捷菜单中选择"通过复制的图层"命令，此时图层分布如图 10-121 所示。

隐藏
图标

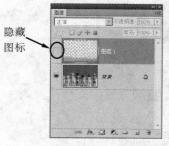

图 10-119　隐藏"图层 1"

图 10-120　创建选区

图 10-121　图层分布

6）同理，将 6 个小孩分别分离到不同图层上，如图 10-122 所示。

提示： 在分离小孩到不同的图层时，一定要选择快捷菜单中的"通过复制的图层"命令，而不要选择"通过剪切的图层"命令，否则会出现白边现象，如图 10-123 所示。

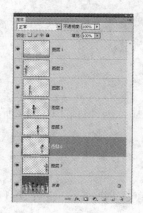

图 10-122　将小孩分离到不同图层

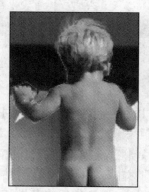

选择"通过剪切的图层"命令

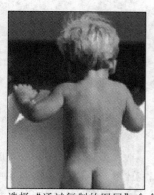

选择"通过复制的图层"命令

图 10-123　对比效果

7）将所有的小孩层合并为一个层，如图 10-124 所示。

图 10-124　合并小孩图层

8）对蓝天进行重新填色。方法：选择工具栏上的 ，然后在背景层上创建如图 10-125 所示的选区，接着用 RGB（63，93，155）填充选区，效果如图 10-126 所示。

图 10-125　创建选区

图 10-126　填充选区

9）将木质栅栏放入"原图 3.jpg"中，在此之前必须创建栅栏选区。方法：执行菜单中的"选择|反向"命令（快捷键〈Ctrl+Shift+I〉），创建栅栏选区，如图 10-127 所示。

10）切换到"原图 1.jpg"文件中，如图 10-128 所示。

图 10-127　创建栅栏选区

图 10-128　回到"原图 1.jpg"

11）执行菜单中的"选择|全选"命令，然后执行菜单中的"编辑|复制"命令。

12）回到"原图 3.jpg"文件中，执行菜单中的"编辑|贴入"命令（快捷键〈Ctrl+Shift+V〉），将木板贴入选区中，效果如图 10-129 所示。

13）此时有两个问题需要解决。一是木栅栏比例太大；二是木板粘贴到了小孩的头部区域。解决这两个问题的方法很简单，只需要在木板层（注意不是木板蒙版层）执行菜单中的"编辑|自由变换"命令，配合键盘上的〈Shift〉键，缩放木板如图 10-130 所示，然后按下键盘上的〈Enter〉键确定。

14）选择工具栏上的 ，配合键盘上的〈Alt+Shift〉组合键水平复制木板，然后单击"图层 1"前的 ![]，使图层可视，此时图层分布如图 10-131 所示，效果如图 10-132 所示。

图 10-129　将木板贴入选区中

图 10-130　缩放木板

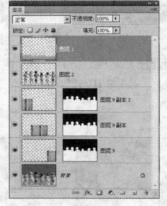

图 10-131　图层分布

图 10-132　显示出草地效果

15）制作小孩在栅栏上的投影。方法：选择小孩所在"图层 2"，单击图层面板下方的 ƒx.（添加图层样式），从弹出的下拉菜单中选择"投影"命令，在弹出的对话框中设置参数，如图 10-133 所示，单击"确定"按钮，结果如图 10-134 所示。

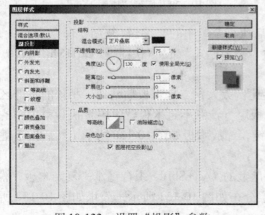

图 10-133　设置"投影"参数

图 10-134　投影效果

16）此时小孩的投影不仅投射到木栅栏上，而且投射到天空，这是不正确的。下面就来解决这个问题。方法：选择工具栏上的 回（矩形选框工具），创建如图 10-135 所示的选区，然后选择小孩所在的"图层 2"，在图像中单击右键，从弹出的快捷菜单中选择"通过剪切的图层"命令，效果如图 10-136 所示，此时图层分布如图 10-137 所示。

图 10-135　创建选区

图 10-136　通过剪切的图层效果

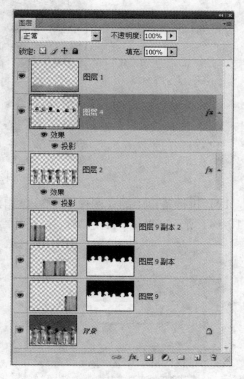

图 10-137　图层分布

17）关闭"图层 4"效果前的 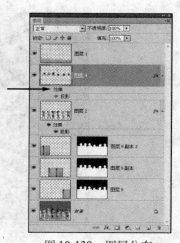（眼睛图标），隐藏"图层 4"的效果层，效果如图 10-138 所示，此时图层分布如图 10-139 所示。

图 10-138　隐藏"图层 4"的效果层

图 10-139　图层分布

18）对小孩臀部进行上色。方法：选择工具栏上的 ⬚（自由套索工具），设置"羽化"值为 2，在"图层 2"上创建选区如图 10-140 所示。

图 10-140　创建选区

19）执行菜单中的"图像 | 调整 | 色相 / 饱和度"命令，在弹出的对话框中设置参数，如图 10-141 所示，单击"确定"按钮，效果如图 10-142 所示。

图 10-141　设置"色相 / 饱和度"参数

图 10-142　调整颜色后的效果

20）同理，对其余 5 个小孩的臀部上色，最终效果如图 10-143 所示。

图 10-143　最终效果

10.5 利用 Photoshop 进行后期处理的效果图

 要点:

本例将对一幅 3ds max 制作的欧式别墅效果图进行后期处理,如图 10-144 所示。通过本例的学习,应掌握图层蒙版与图层不透明度的应用。

原图

结果图

图 10-144 Photoshop 后期处理效果图

 操作步骤:

1)打开配套光盘中的"随书素材及结果\10.5 利用 Photoshop 进行后期处理的效果图\原图.psd",如图 10-144 所示。

2)制作蓝天。方法:单击图层面板下方的▣(创建新图层)按钮,新建"蓝天"图层。然后选择工具箱上的▣(渐变工具),设置渐变类型为▣(线性渐变),设置渐变色如图 10-145 所示,单击"确定"按钮。接着对画面进行处理,效果如图 10-146 所示。

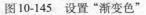
RGB(160, 185, 230)　　　　　RGB(240, 240, 255)

图 10-145 设置"渐变色"

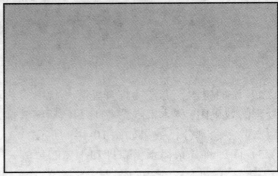

图 10-146 对画面进行渐变处理

3）此时蓝天将别墅全部遮挡住了，这是不正确的。为了解决这个问题，下面我们隐藏"蓝天"图层，然后利用工具箱上的 ![] (魔棒工具)，创建如图 10-147 所示的黑色选区。接着重新显现"蓝天"图层，并对其添加蒙版，效果如图 10-148 所示。

图 10-147 创建黑色选区

图 10-148 添加黑色选区蒙版效果

4）添加树木。方法：打开配套光盘中的"随书素材及结果 \10.5 利用 Photoshop 进行后期处理的效果图 \ 树木 1.jpg"图片，然后将其拖入"原图.jpg"图片中并适当缩放，接着利用蒙版去除多余部分，效果如图 10-149 所示。

5）同理将其余树木、草坪和小鸟图片放入"原图.jpg"图片中，结果如图 10-150 所示。

图 10-149　添加树木

图 10-150　添加树木、草坪和小鸟

6) 制作树木在别墅上的阴影效果。方法: 打开配套光盘中的"随书素材及结果\10.5 利用 Photoshop 进行后期处理的效果图\投影 1.jpg"、"投影 2.jpg"和"投影 3.jpg"图片, 然后将其拖入"原图.jpg"图片中, 位置如图 10-151 所示。然后将该层的不透明度降低为 40%, 效果如图 10-152 所示。

图 10-151　添加投影

图 10-152   降低不透明度

7）制作光线穿透树木的效果。方法：新建"阴影"图层，然后利用工具箱上的 ✐（画笔工具），绘制如图 10-153 所示的线段。为了更加真实，可以将"阴影"图层的不透明度降为50%，最终效果如图 10-154 所示。

图 10-153   绘制穿透树木的光线

图 10-154   降低"阴影"图层的不透明度

10.6　课后练习

（1）练习 1：制作图 10-155 所示的商业插画效果。

（2）练习 2：制作图 10-156 所示的西红柿效果。

（3）练习 3：制作图 10-157 所示的广告版面效果。

（4）练习 4：制作图 10-158 所示的电影海报效果。

图 10-155　练习 1 的效果

图 10-156　练习 2 的效果

图 10-157　练习 3 的效果

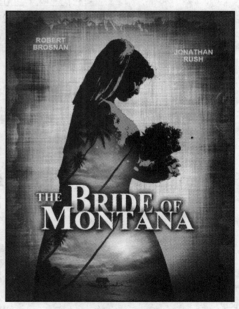

图 10-158　练习 4 的效果

附录 习题答案

第1章 Photoshop CS4 基础知识

1.填空题

（1）在色彩模式中，<u>RGB</u> 模式是加色模式，<u>CMYK</u> 模式是减色模式。

（2）从描述原理上讲，计算机所处理的图可以分为<u>位图图像</u>和<u>矢量图形</u>两大类。

2.选择题

（1）答案为 C

（2）答案为 B

（3）答案为 AB

第2章 图像选区的选取与编辑

1.填空题

（1）执行菜单中的"<u>选择 | 修改 | 平滑</u>"命令，可以打开"平滑选区"对话框。

（2）魔棒工具的容差默认设置值为 32。

2.选择题

（1）答案为 C

（2）答案为 C

（3）答案为 B

（4）答案为 C

（5）答案为 B

第3章 Photoshop CS4 工具与绘图

1.填空题

（1）<u>仿制图章工具</u>是一种复制图像的工具，原理类似克隆操作。

（2）"<u>减淡工具</u>"与"加深工具"相反，它通过使图像变暗来加深图像的颜色。

（3）使用<u>海绵</u>工具，能精细地改变某一区域的色彩饱和度，但对黑白图像处理的效果不是很明显。

2.选择题

（1）答案为 B

（2）答案为 B

（3）答案为 A

第 4 章 图层的使用

1.填空题

（1）填充图层的填充内容可为<u>纯色</u>、<u>渐变</u>和<u>图案</u>3 种。

（2）蒙版是图像合成的重要手段，蒙版图层中的黑、白和灰色像素控制着图层中相应位置图像的透明程度，其中<u>白色</u>表示显现当前图层的区域，<u>黑色表示隐藏当前图层的区域</u>，<u>灰色表示半透明区域</u>。

2.选择题

（1）答案为 A

（2）答案为 D

（3）答案为 A

第 5 章 通道与蒙版的使用

1.填空题

（1）通道分为<u>颜色通道</u>、<u>Alpha 通道</u>和<u>专色通道</u>3 种。

（2）如果已经有一个 Alpha 选区，执行菜单中的"选择|载入选区"命令后，将出现<u>新建选区</u>、<u>添加到选区</u>、<u>从选区中减去</u>和<u>与选区交叉</u>4 个选项可供选择。

（3）按住键盘上的 <u>Ctrl</u> 键的同时单击通道，可以直接载入该通道所保存的选区；如果按住键盘上的 <u>Ctrl+Shift</u> 键的同时单击通道，可在当前选区中添加该通道所保存的选区；如果按住键盘上的 <u>Ctrl+Alt</u> 键的同时单击通道，可以在当前选区中减去该通道所保存的选区；如果按住键盘上的 <u>Ctrl+Alt+Shift</u> 键的同时单击通道，可以得到当前选区与该通道所保存的选区相重叠的选区。

2.选择题

（1）答案为 A

（2）答案为 C

第 6 章 图像色彩和色调调整

1.填空题

（1）<u>匹配颜色</u>命令，用于匹配不同图像、多个图层或者多个颜色选区之间的颜色，即将源图像的颜色匹配到目标图像上，使目标图像虽然保持原来的画面，却有与源图像相似的色调。使用该命令，还可以通过更改亮度和色彩范围来调整图像中的颜色。

（2）<u>阴影/高光</u>命令，适用于由强逆光而形成剪影的照片，或者校正由于太接近相机闪光灯而有些发白的焦点。

2.选择题

（1）答案为 D

（2）答案为 ABC

第 7 章 路径和矢量图形的使用

1.填空题

（1）使用<u>剪贴路径</u>功能输出的图像插入到 InDesign 等排版软件中，路径之内的图像会被输出而路径之外的区域不进行输出。

（2）路径工作组包括<u>钢笔工具</u>、<u>自由钢笔工具</u>、<u>添加锚点工具</u>、<u>删除锚点工具</u>和<u>转换锚点工具</u> 5 种工具。

2.选择题

（1）答案为 A

（2）答案为 B

第 8 章 滤镜的使用

1.填空题

（1）按键盘上的 **Ctrl+F** 快捷键，则可以重复执行上次使用的滤镜。

（2）"像素化"滤镜组包含<u>彩块化</u>、<u>彩色半调</u>、<u>晶格化</u>、<u>点状化</u>、<u>碎片</u>、<u>铜版雕刻</u>和<u>马赛克</u> 7 种滤镜。

（3）对于 <u>RGB</u> 颜色模式的图像，可以使用任何滤镜功能。

2.选择题

（1）答案为 C

（2）答案为 D

（3）答案为 C

第 9 章 Photoshop 自动化处理

1.填空题

（1）序列前被打上"√"，并呈<u>黑色</u>显示时，表示该序列（包含所有动作和命令）可以执行；如果这个"√"呈<u>红色</u>显示，则表示该序列中的部分动作或命令不能执行。

（2）使用<u>批处理</u>命令可以对多个图像文件执行同一个动作的操作，从而实现操作自动化。

2.选择题

（1）答案为 C

（2）答案为 A

第 10 章 综合实例

答案略。